Helmut Seßler / Marion Kling:

Als Führungskraft erfolgreich coachen

Helmut Seßler / Marion Kling

Als Führungskraft erfolgreich coachen

**Wie Sie sich selbst und Ihre Mitarbeiter
zu Spitzenleistungen führen**

Ein Arbeitsbuch mit praxisbezogenen
Übungen und Checklisten

INtem Media

Besuchen Sie uns im Internet unter:
www.intem.de

Als Führungskraft erfolgreich coachen
Wie Sie sich selbst und Ihre Mitarbeiter zu Spitzenleistungen führen

© 2010 bei den Autoren
INtem Media, Mannheim

Inhaltsverzeichnis

Vorwort:
Führung – der Schlüssel für den Unternehmenserfolg

Führungskräfte, die Menschen zu Höchstleistungen motivieren können, sind angesichts der immer stärker werdenden Konkurrenzsitua-
tion einer der zentralen Erfolgsfaktoren für ein Unternehmen. Menschenführung geht dabei weit über die bekannten Managementsys-
teme hinaus. Lesen Sie, wie Sie mit einfachen und dennoch wir-
kungsvollen Steuerungsinstrumenten Ihr Führungspotenzial voll
entfalten, Demotivation unter den Menschen in Ihrem Unternehmen
vermeiden, die Mitarbeiter zu Höchstleistungen anspornen, nicht
mehr alles selbst machen müssen – und dennoch wissen, dass es in
Ihrem Sinne erledigt wurde.

„Innere Kündigung" – ein Problem in so gut wie jedem Unternehmen. Woran liegt das? Es reicht heute nicht mehr aus als Führungskraft nur Ziele vorzugeben und die Ressourcen für die Zielerreichung zur Verfügung zu stellen. Auch der schönste PC-Arbeitsplatz
und die beste Fachausbildung stellen nicht sicher, dass die Menschen, mit denen Sie arbeiten, gerne zur Arbeit kommen und aus
eigenem Antrieb heraus ihr Bestes geben wollen. Um Menschen aus
der „freizeitorientierten Schonhaltung" herauszubringen, sind Führungskräfte gefragt, sich mit den Motivatoren, Wünschen und Zielen
ihrer Mitarbeiter auseinander zu setzen. Es reicht eben nicht mehr
aus, nur qualifizierter Manager zu sein. Zum wesentlichen Erfolgs-
faktor im Wettstreit um Marktanteile ist der Kontakt, das Beziehungsmanagement, zu jedem Einzelnen im Unternehmen geworden.
Erlernen Sie die Kunst, den Menschen in Ihrem Team nahe zu sein.
Entdecken Sie die Fähigkeit, die Welt Ihrer Mitarbeiter zu betreten,
Gemeinsamkeiten zu erkennen und zu pflegen, ein Arbeitsklima von
gegenseitigem Vertrauen und Anerkennung zu schaffen. Entwickeln
Sie beim Lesen Ihren eigenen Führungsstil, um Menschen langfristig

zu motivieren und zu begeistern und lang anhaltende, partnerschaftliche Beziehungen herzustellen. Eine Beziehung, die Ihre Mitarbeiter zu Mitunternehmer oder Mitstreiter oder Mitbauer an Ihrem Erfolg werden lässt.

Lernen Sie die Spielregeln des Umgangs miteinander kennen und wie Sie und Ihre Mitarbeiter es schaffen, aus dem alten Trott herauszukommen. Lesen Sie, wie es möglich ist, sich gewünschte und Erfolg verheißende Gewohnheiten nachhaltig anzutrainieren. Erfahren Sie, wie Sie wirkungsvoll Ziele setzen, so dass der Mitarbeiter noch motivierter ist und Lust hat, sich zu verändern. Durch fehlerhafte Kommunikation zwischen Führungskraft und Mitarbeiter entstehen die meisten Unzufriedenheiten im Unternehmen. Das Bewusstsein für eine motivierende Kommunikation im Unternehmen schaffen, Hilfestellung für diese Kommunikation und dabei die Zielerreichung des Unternehmens zu fördern – das sind die Anliegen dieses Buches.

Auf eine einfache Formel gebracht, bedeutet das: Motivierte Menschen – höhere Ziele – mehr Erfolg!

Dieses Buch wird Ihnen dabei helfen, den veränderten Anforderungen an Führung, Motivation und Zielerreichung gerecht zu werden.

Nun werden vielleicht einige Leserinnen und Leser fragen, warum ausgerechnet wir, die Autoren, geeignet sind, Antworten auf die drängenden Führungsfragen der Gegenwart und Zukunft zu geben. Nun, als Gründer und Leiter der INtem-Trainergruppe Seßler & Partner bzw. als Vertriebsdirektor dieses Unternehmens nehmen wir natürlich selbst Führungsverantwortung wahr. Noch mehr aber fällt ins Gewicht, dass wir als Trainer, Berater und Coachs für Führungskräfte der Wirtschaft tagtäglich mit unseren Kunden diese Führungsfragen diskutieren. Dabei ist erstaunlich, dass die meisten Führungskräfte von ganz ähnlichen Problemen erzählen, auch wenn sie aus ganz unterschiedlichen Branchen kommen. Zumeist fällt es den Führungskräften schwer, den Zusammenhang zwischen ihrer Eigenmotivation und ihrem Führungsverständnis sowie der Motivation der Mitarbeiter zu erkennen. Darum haben wir uns entschlossen, in diesem Buch beide Aspekte zu behandeln: das Thema Selbstmanagement im ersten Teil, das Thema Mitarbeitermotivation – mit Hilfe der entsprechenden Führungsfähigkeiten – im zweiten. In unseren zahlreichen Trainings und Coachings haben wir immer wieder den engen Bezug zwischen diesen beiden Punkten gesehen: „Wie will jemand andere Menschen führen, wenn er sich selbst nicht führen kann?" Dieser grundlegenden Überzeugung tragen wir durch die Zweiteilung unseres Buches Rechnung.

Mannheim, Dezember 2010
Helmut Seßler und Marion Kling

Einführung:

Die Geschichte vom Adler und der Muschel

In der indischen Schöpfungsgeschichte heißt es: Als Gott die Lebewesen auf der Erde erschuf, begann er mit der Muschel. Die Muschel lebt im Meer und sie muss nichts anderes tun als Muschel öffnen, Wasser durchlaufen lassen, Nahrung rausziehen und Muschel wieder schließen, Muschel wieder öffnen, Wasser durchlaufen lassen, Nahrung rausziehen und Muschel schließen. Sie würde also ein relativ einfaches und sicheres Leben führen müssen. Aber leider auch ein langweiliges. Also erschuf Gott als Nächstes den Adler. Der Adler lebt in den Lüften, er muss um seine Nahrung tagtäglich kämpfen. Aber er lebt in Freiheit und schwebt in den Lüften und über den Dingen. Die Winde tragen ihn. Ein Leben ohne Sicherheit, aber mit viel Freiheit und Abenteuer. Als Nächstes wollte er den Menschen erschaffen. Da er jetzt zwei Modelle hatte, fragte er den Menschen, bevor er ihm Form gab: „Was möchtest du sein? Muschel oder Adler?" Der Mensch überlegte eine Weile und entschied sich für etwas, womit der Schöpfer nicht gerechnet hatte. Er entschied sich für die Ente. Denn die Ente lebt im Wasser, muss nur mit dem Schnabel rein und zieht sich dort ihre Nahrung raus. Sie sieht aber von weitem aus wie ein Adler.

Woran erkennt man, ob man einen Adler oder eine Ente vor sich hat? Leider nur an ihrer Reaktion: Zum Beispiel in einem Hotel, wenn man nach einem besonders schönen Zimmer fragt. Lautet die Antwort: „Oh, da haben wir ein Problem", hat man die Ente vor sich (quak, quak, quak!). Folgt hingegen die Antwort: „Selbstverständlich, gerne. Möchten Sie mitkommen, damit ich Ihnen die Zimmer zeigen kann?" Dann haben wir es mit einem Adler zu tun. Enten reden über Probleme, sie wissen vor allem, wie etwas nicht geht. Adler suchen und finden Lösungen.

Sie werden sich vielleicht fragen, was diese Geschichte mit unserem Buch zu tun hat. Nun, es ist die Aufgabe der Führungskraft, ihre Mitarbeiter zu Adlern zu machen, ihnen zu ermöglichen, sich zum Adler zu entfalten. Jeder Mensch ist mal „Adler" und mal „Ente". Aufgabe der Führungskraft ist, die Adlerfähigkeiten der Mitarbeiter zu fördern – und dabei mit gutem Beispiel voranzugehen. Es geht um Fähigkeiten, die nicht in der Schule, nicht in der Ausbildung und leider auch nicht in einer Hochschulausbildung gelehrt werden. Selbst die gängigen Management-Modelle beschäftigen sich mehr mit den Sachthemen als mit den menschlichen Aspekten. Es wird einfach erwartet, dass wir das Führen von Menschen beherrschen. „Eine gute Führungskraft ist man oder man ist es nicht – man kann das nicht lernen", heißt es. Doch falsch! Natürlich können wir die Liebe, die Begeisterung zu dieser Aufgabe nicht lernen. Aber einfache Grundregeln, die oft zwischen Motivation und Demotivation entscheiden, kann jeder lernen. Vorausgesetzt, Sie sind Führungskraft geworden, weil Sie gerne Verantwortung übernehmen, bereit sind mehr als andere zu tun und weil Sie ein Team von Menschen zum Erfolg steuern wollen – und nicht nur wegen des Geldes und des Ansehens.

Den ersten Schritt dazu haben Sie bereits mit dem Kauf dieses Buches getan. Es freut uns, dass Sie Ihre Axt schärfen und eine motivierende Führungskraft werden wollen, bei der die Menschen gerne (auch mehr) arbeiten.

Wünsche und Ziele der Mitarbeiter und Wünsche und Ziele des Unternehmens – wie sind die sinnvoll in Einklang zu bringen? Kann Ihnen dieses Buch dabei helfen? Wir glauben, es kann. Sie müssen es allerdings selbst ausprobieren. Sie werden beim Lesen dieses Buches viele Anregungen und Ideen für Ihre tägliche Arbeit in der

Menschenführung bekommen. Sie werden erkennen, was Sie für sich und Ihr Team „Gutes" tun können, um damit die Bindung an Ihr Unternehmen zu stärken. Sie werden sehen, wie viel mehr Wirkung Sie bei Ihren Mitarbeitern erzielen. Sie werden fühlen, wie viel Spaß und Zufriedenheit Sie als Führungskraft haben.

Vielleicht denken Sie jetzt: „Das brauche ich eigentlich alles nicht. Ich habe exzellentes Wissen in langer Ausbildungszeit erworben. Ich biete meinen Mitarbeitern ein gutes Gehalt, einen interessanten Beruf und ausreichend Urlaub. Was will ich noch mehr?" Sicher haben Sie Recht, und es zeichnet Sie aus, immer wieder an Ihrem hohen Wissensstand zu arbeiten, um ihn zu verbessern. Aber besteht der Mensch nur aus Ratio? Besteht der Mensch nur aus Logik? Besteht der Mensch nur aus Zielvorgaben und einem sicheren Arbeitsplatz?

Wir möchten Sie gerne zu einem kleinen Experiment einladen. Sicher kennen Sie eine Führungskraft, die Sie schätzen und achten und die möglicherweise Ihr Vorbild war oder ist. Überlegen Sie bitte eine Minute.

✍ Übung

Nachdem Sie sich für jemanden entschieden haben, stellen Sie sich diese Person bildlich vor. Hören Sie, was sie sagt. Sehen Sie, wie sie arbeitet. Notieren Sie jetzt alle möglichen Eigenschaften an ihr, die Ihnen gefallen. Notieren Sie, warum Sie die Eigenschaften schätzen. Versuchen Sie, so viele Eigenschaften wie möglich herauszufiltern, sich an sie zu erinnern. Nehmen Sie sich dafür etwas Zeit. Notieren Sie diese Eigenschaften jetzt in den nachfolgenden Kästchen.

Eigenschaft	Anmerkung

Wie viele Eigenschaften haben Sie gefunden? Wie Sie sehen, haben erfolgreiche Führungskräfte viele gute Eigenschaften.

Die drei Säulen des Erfolges

Lassen Sie uns zunächst gemeinsam die Säulen des Erfolges betrachten:

Wissen, Können und Einstellung (Wollen) sind die tragenden Säulen des Erfolges. Um vom Wissen zum Können zu gelangen, gilt es zu üben. Gerade in der Kommunikation gilt es permanent zu üben. Die Kunst in der Kommunikation liegt in der Unterschiedlichkeit der Reaktionen. Auf die unterschiedlichsten Menschen mit ihren unterschiedlichen Reaktionen einzugehen, ist eine hohe Kunst, bei der man fast nie auslernt. Die gleiche Person reagiert auf die gleiche Handlung oder Aussage in einem anderen Zusammenhang oder unter anderen Vorzeichen vollkommen anders. Wir sind ständig gefragt, unsere Kommunikation mit anderen auf die gewünschte Wirkung hin zu überprüfen und ständig noch wirkungsvoller zu kommunizieren. Fehlerhafte Kommunikation bzw. Falschinterpretationen sind zwei der größten Quellen für Missverständnisse und Ärgernisse im Unternehmen.

Die Herausforderung besteht darin, immer wieder verschiedene Möglichkeiten auszuprobieren bis Sie ein Könner auf diesem Gebiet sind. Bisher haben wir von zwei Säulen gesprochen – Wissen und Können. Reichen diese aus? Nein, es fehlt noch die Säule der Einstellung. Wenn ich meine Kommunikationsfähigkeit nicht verbessern will, weil ich es als sinnlos oder überflüssig erachte, weil ich mich nicht diesem Lernstress unterziehen will oder einfach keine Zeit für „so etwas" habe, dann nützen die teuersten Seminare nichts. Ich werde meine Kommunikation nicht wesentlich verbessern. **Die Einstellung ist eine der wichtigsten Säulen des Erfolges.**

✍ Übung
Sie haben vorhin die Eigenschaften einer vorbildlichen Führungskraft, die Sie schätzen, notiert. Ordnen Sie diese Eigenschaften doch einmal den drei Säulen zu. Es können dabei eine, zwei oder alle drei Säulen pro Eigenschaft in Frage kommen, meist jedoch werden nur eine oder zwei zutreffen. Probieren Sie es spielerisch aus. Nehmen

Sie sich kurz Zeit und fügen Sie in der jeweiligen Säule für jede Eigenschaft ein Kreuz ein.

Wenn Sie diese Übung beendet haben, werden Sie feststellen, dass sicherlich alle drei Säulen für die Menschenführung notwendig sind. Vielleicht erzielten Sie ein ähnliches Ergebnis, wie wir es mit Führungskräften in neun von zehn Fällen erhalten: Die Säulen „Können" und „Einstellung" weisen die meisten Kreuzchen auf. Und vielleicht stellen Sie auch fest, dass es in dem Bereich des Könnens nur zu einem geringen Teil um Fachkompetenz geht, sondern vielmehr um soziale, menschliche und methodische Kompetenzen.

Das zeigt, wie wichtig nicht nur unser Wissen, sondern auch das Können und die Einstellung sind. Es sei noch kurz angemerkt, dass Ihr Ergebnis nicht von uns vorgegeben wurde, sondern dass Sie sich selbst eine gute vorbildliche Führungskraft ausgesucht haben und dass *Sie* deren Eigenschaften notiert haben. Das Ergebnis ist die Auswertung der Eigenschaften Ihres Vorbildes. Vielleicht können Sie jetzt schon erkennen, wie wichtig die Säulen Können und Einstellung für den Führungsprozess sind.

Führungskraft werden wir oft, weil wir eine gute Ausbildung genossen haben, viel wissen und das Wissen unter Beweis gestellt haben. Doch in der Menschenführung gehören unbedingt, wie Sie sehen, die richtige Einstellung und das Können im Umgang mit Menschen dazu. Es ist eine Sache Ihrer Einstellung und des Übens.

Als Führungskraft sind Sie der Steuermann des „Erfolgsschiffs". Sie bestimmen den Kurs! Ob es angenehm gleitet oder schlingert, liegt in Ihrer Hand. Sie bestimmen den Hafen und Sie sind für das sichere Ankommen dieses Schiffes verantwortlich. Fangen Sie jetzt damit an, die Steuerung noch bewusster zu übernehmen. Erwerben Sie Ihr Kapitänspatent.

Es geht um Ihre Mitarbeiter – und um Sie!

Dieses Buch ist an Sie und alle Führungskräfte gerichtet, die aus eigener, persönlicher Überzeugung ihre Mitarbeiter gerne, ehrlich und kompetent fördern und entwickeln möchten, gleich ob im Mittel- oder Topmanagement oder als Geschäftsführer eines kleinen Unternehmens. Es ist geschrieben für Führungskräfte, die gerne mit Menschen arbeiten und Verantwortung übernehmen und in Mitarbeitern nicht nur Arbeiter und Gehaltsempfänger sehen, sondern Menschen, die das Potenzial zum „Adler" haben. Dieses Buch soll Ihnen helfen, noch mehr Möglichkeiten für den Umgang mit den Menschen in Ihrem Unternehmen zu finden, zu erlernen und in Ihren Gesprächen einzusetzen.

In diesem Buch geht es also nicht um Managementtechniken, Organisationsstrukturen oder Bezahlungssysteme. Es geht um *Menschenführung*. Wenn Sie Führung nur als rationelle Abwicklung und Umgang mit Zielen und Zahlen verstehen, dann lassen Sie sich von diesem Buch inspirieren, über die Wirkungen und Möglichkeiten des emotionalen zwischenmenschlichen Umgangs nachzudenken – und dann die erforderlichen Umsetzungsschritte einzuleiten.

Es kann und wird Ihnen helfen, Ihre Ziele mit Ihrem Team gemeinsam zu erreichen – und nicht aus dem Muss der Umsatzvorgabe heraus. Hier geht es nicht um Kommunikationstricks, sondern um den fördernden Umgang miteinander. Nicht nur darum, Führungskraft kraft Amtes zu sein, sondern Menschen zu überzeugen, und zwar nicht nur im fachlichen Bereich, sondern auch im menschlichen

Umgang. Natürlich war dies auf die eine oder andere Weise schon immer eine Aufgabe der Führungskraft. Neu jedoch ist, dass sich die Menschen, die in Ihrem Unternehmen arbeiten, verändert haben. Die Suche nach Sinn und Selbstverwirklichung an der Arbeit wird immer stärker – besonders bei den Mitarbeitern, die wir auf jeden Fall behalten wollen. Auch die Anforderungen des Marktes und die deutliche Unterscheidung von Mitbewerbern fordern heute 110 Prozent von uns. Und das ist schwierig zu erreichen, wenn 50 Prozent der Mitarbeiter nur mit halber Kraft oder mit innerer Kündigung arbeiten. Selbst wenn nur ein Mitglied im Team nicht in die gleiche Richtung zieht, wird die gesamte Mannschaft aufgehalten. Und wer denkt, dieses Problem mit Geldanreizen lösen zu können, irrt gewaltig. Die Motivation mit Geld und materiellen Anreizen hält so lange wie die Gewöhnung daran. Hier sind andere Motivatoren gefragt. Wir wollen Ihnen zeigen, welche das sind und wie Sie diese für sich und Ihre Zielerreichung nutzen können.

Jede Führungskraft hat die Mitarbeiter, die sie verdient. Häufig haben Sie sie selbst ausgewählt. Sogar was aus Ihren Mitarbeitern wird, welche Leistung der Mensch in Ihrem Team bringt, ist zu einem großen Prozentsatz von Ihnen und Ihrer Führungskompetenz abhängig. Erinnern Sie sich doch selbst einfach mal an die Führungskräfte, die Sie während Ihrer Laufbahn kennen gelernt haben: Welche schätz(t)en Sie und warum? Welche lehn(t)en Sie ab und warum? War vielleicht sogar das eine oder andere Führungsverhalten verantwortlich dafür, dass Sie Ihren Arbeitgeber gewechselt oder beschlossen haben, sich auf eigene Füße zu stellen und sich selbstständig zu machen? Und haben *Sie* jetzt die Mitarbeiter, die *Sie* verdienen?

Nun Sie sind Führungskraft oder Unternehmer geworden (oder möchten es werden).

In diesem Buch finden Sie Hilfestellung, wie Sie
- Ihre Vorbildfunktion als Führungskraft wahrnehmen,
- Spaß an Ihrer Führungstätigkeit gewinnen,
- Ihre Einstellung und Ihren Zustand so verändern, dass Sie Ihren Führungsaufgaben motiviert nachkommen und
- Veränderungsprozesse mutig und mit Engagement angehen.

Diese Aspekte sind Gegenstand des ersten Teiles dieses Buches. Im zweiten Teil erfahren Sie, wie Sie

- charismatisch führen,
- Ihre Mitarbeiter mit Vertrauen in ihre Fähigkeiten und konkreten Zielvereinbarungen motivieren und führen,
- Teamarbeit erfolgreich einführen,
- sich zum Coach Ihrer Mitarbeiter entwickeln und
- ein förderndes Betriebsklima herstellen.

Unsere Erfahrung zeigt: Wenn Sie diese Hilfestellungen annehmen und die Führungsprinzipien, die wir Ihnen vorstellen, in Ihrem Unternehmen oder Ihrer Abteilung anwenden, wird die Anzahl der inneren Kündigungen zurückgehen. Ihre Mitarbeiter werden genauso gerne und effektiv arbeiten – wie Sie!

Sechs Tipps, wie Sie größtmöglichen Nutzen aus dem Buch ziehen

Wie wird dieses Buch Ihr ganz persönlicher Coach zum Thema Mitarbeiterführung? Zunächst einmal ist es wichtig, sich zu fragen, ob Sie etwas verändern möchten. Das Ziel dieses Buch besteht nicht (nur) darin, zu informieren, sondern Ihnen zu zeigen, wie Sie zu den notwendigen Veränderungen gelangen. Unser Anliegen ist es, dass

Sie alles, was Sie in diesem Buch an für Sie nützlichen Informationen finden, direkt anwenden und umsetzen. Nur angewandtes Wissen ist Macht. Wissen ohne Umsetzung ist eher schädlich. Denn nur weil wir wissen, wie etwas geht, denken wir oft auch, wir könnten es – und überprüfen dann nicht, ob wir es tatsächlich auch tun. Jeder Verkäufer weiß, was Kundennutzen ist – doch überlegen Sie bitte: Wie oft kaufen Sie ein und müssen sich als Kunde Ihren Nutzen selbst überlegen? Anscheinend gibt es eine große Diskrepanz zwischen Wissen und Umsetzung des Wissens. Wissen bedeutet noch lange nicht, auch entsprechend handeln und das Wissen umsetzen zu können. Deshalb möchten wir Sie zur Umsetzung und zum Handeln motivieren. Dann ziehen Sie den größtmöglichen Nutzen aus diesem Buch.

Der Umgang mit Menschen ist eine Frage des Verhaltens. Wer etwas an seinem Verhalten ändern möchte, wird feststellen, dass dies nicht einfach durch das Lesen eines Buches geschieht, indem man nickend zustimmt, dann jedoch im alten Trott weiterarbeitet. Deshalb ist dieses Buch mit zahlreichen Übungen versehen. Es sind gerade diese Übungen, die Ihnen die von Ihnen gewünschten Änderungen ermöglichen. Aber es gibt noch mehr Möglichkeiten, dieses Buch optimal zu nutzen.

Tipp 1: Der innere Wunsch, noch besser werden zu wollen
Viele Erfindungen, außergewöhnliche Leistungen und Zielverwirklichungen sind entstanden durch die Vorstellung eines Menschen, der in seiner Fantasie oder seinen Träumen die Verwirklichung seines Wunsches ganz konkret vor sich sah. Zumeist ist mit dieser konkreten Vorstellung ein unumstößlicher Glaube an die Verwirklichung des Wunsches verknüpft, hinzu kommt Ausdauer. Um Menschen zu Höchstleistungen zu motivieren, gilt Ähnliches. Dabei ist es weniger wichtig, unendliche Regeln und Techniken zu lesen, viel-

mehr sollten Sie den starken Wunsch haben, etwas über sich und andere Menschen zu lernen und fest entschlossen sein, diese Fähigkeiten im Umgang mit Ihren Mitarbeitern und sich selbst einzusetzen und zu verbessern.

Stellen Sie sich immer wieder vor, dass Sie eine geschätzte und anerkannte Führungskraft sind, dass Ihnen die Kommunikation mit Ihren Mitarbeitern leicht von der Hand geht, dass Sie Ihre Ziele gemeinsam erreichen und Sie viele Probleme gelöst haben. All das ist möglich, weil Sie sich und andere (zum Erfolg) führen und Verantwortung für Ihren Erfolg und auch das Nichtgelingen übernehmen. Wer die Verantwortung trägt, hat auch die Macht, etwas zu ändern. Wenn Sie also nicht die Verantwortung für Ihre Fehler übernehmen, können Sie auch nichts verändern! Es hängt von Ihrem geschickten Umgang mit Menschen ab. Schreiben Sie sich einen Leitspruch auf, den Sie sich immer wieder vorsagen, zum Beispiel: „Wer die Verantwortung trägt, hat auch die Macht, etwas zu ändern." Wählen Sie sich einen Satz, der Sie motiviert, täglich die Führungskraft zu sein, die Sie sein möchten. Notieren Sie sich Ihren Leitspruch dort, wo Sie täglich mindestens einmal hinschauen, so dass Sie immer wieder daran erinnert werden.

Malen Sie sich ein Bild von sich selbst, das Sie als vorbildliche Führungskraft zeigt. Bilden Sie sich eine eigene Vorstellung, also einen Film in Ihrem Kopf, wie das ist, und hören Sie Ihren Leitspruch. Hören Sie, was Sie sagen und wie Sie mit anderen erfolgreiche Gespräche führen und sämtliche Probleme gelöst bzw. im Griff haben. Während Sie das tun, fühlen Sie einmal in sich hinein, wie angenehm das für Sie ist. Schaffen Sie sich so Ihr eigenes Bild von dem, was Sie gerne sein möchten.

Tipp 2: Vergleich des Gelesenen mit der Praxis

Lesen Sie ein Kapitel dieses Buches zuerst einmal ruhig durch. Legen Sie dabei öfter eine Pause ein und überlegen Sie, wie und wo Sie das Gelesene ganz konkret für sich nutzen können. Danach lesen Sie das entsprechende Kapitel nochmals. Markieren Sie sich dabei wichtige Stellen. Erst dann wenden Sie sich dem nächsten Kapitel zu.

Tipp 3: Die Umsetzung mit Ihrem „Persönlichen Strategieheft" zum Thema Führung

Sie finden in diesem Buch eine Vielzahl an Übungen und Aufgaben. Alle sind geeignet, Sie Ihrem Ziel näher zu bringen. Sie haben die Wahl. Die erfolgreichste Möglichkeit ist: Sie kaufen sich ein separates Heft und beschriften dies als Ihr „Persönliches Strategieheft". Darin notieren Sie die vorgeschlagenen Übungen und Aufgaben sowie Ihre Ausarbeitungen dazu. Danach setzen Sie das Ganze in Ihre tägliche Praxis um. Sie werden sehen, wie Sie durch einfaches, regelmäßiges Üben sehr schnell Erfolge erzielen. Die zweite Möglichkeit: Sie machen die Übungen mental (im Geiste) mit. Der Vorteil: Es geht schneller. Der Nachteil: Gute Ideen sind schnell vergessen. Die dritte Möglichkeit: Sie wählen die für Sie wirklich wichtigen Übungen aus und erledigen diese schriftlich, den Rest machen Sie mental mit. Je mehr Sie niederschreiben und umsetzen, desto größer wird Ihr Erfolg. Frei nach dem Spruch von Erich Kästner: „Es gibt nichts Gutes, außer man tut es."

Tipp 4: Belohnung – Incentives motivieren nicht nur Ihre Mitarbeiter

Überlegen Sie vor Beginn jeder Umsetzungsaufgabe / Herausforderung, wie Sie sich selbst belohnen können, wenn Sie etwas erfolgreich umgesetzt haben. Genießen Sie diese Belohnung.

Tipp 5: Regelmäßig ein bisschen – statt alles auf einmal
Wenn Sie optimal von diesem Buch profitieren wollen, empfehlen wir Ihnen, regelmäßig ein paar Stunden pro Woche darin zu lesen, um Teile zu wiederholen und zu überdenken, bis Ihnen schließlich alle für Sie wichtigen Erkenntnisse in Fleisch und Blut übergegangen sind.

Tipp 6: Freude über die Erfolge
Machen Sie sich Ihre Fortschritte und Erfolge bewusst. Notieren Sie diese regelmäßig. Wer seine Zeit und seine Ziele gut im Griff hat, plant sie vorher. Ziehen auch Sie am Ende jeder Woche Bilanz über den Erfolg der vergangenen Zeit. Überdenken Sie, was Sie hätten besser machen können, aber beachten Sie auch, was gut war. Machen Sie sich darüber Notizen. Schreiben Sie es nieder. Führen Sie ein Tagebuch Ihrer Erfolge. Machen Sie sich regelmäßig bewusst, welche Fortschritte Sie als Führungskraft im Umgang mit Menschen schon gemacht haben – und im Umgang mit sich selbst.

Wenn Sie auf diese Art mit dem Buch arbeiten, werden Sie sehr schnell feststellen, wie Sie täglich mit weniger Kraftanstrengung und mehr Motivation führen.

Sechs Tipps: Wie Sie den größtmöglichen Gewinn aus diesem Buch ziehen

1. Tipp: Sie müssen sowohl den Wunsch als auch die Entschlossenheit haben, Ihre Fähigkeit als Führungskraft voll zu aktivieren. Sehen, hören und fühlen Sie, wie es ist, wenn Sie dies erreicht haben.

2. Tipp: Markieren Sie wichtige Stellen im Buch. Überlegen Sie, wo Sie diese Erkenntnisse in Ihrer täglichen Arbeit ganz konkret einsetzen können.

3. Tipp: Notieren Sie sich klar umrissene Umsetzungsaufgaben.

4. Tipp: Schreiben Sie Incentives für sich aus, vor allem für Ihre Umsetzungserfolge.

5. Tipp: Wiederholen Sie regelmäßig die für Sie wichtigen Teile des Buches.

6. Tipp: Ziehen Sie wöchentlich ein Resümee. Notieren Sie sich Ihre Erfolge.

Als Führungskraft erfolgreich coachen

Teil I:

Selbstmanagement –
was Sie für sich tun sollten

Als Führungskraft erfolgreich coachen

Kapitel 1:
Ihre Vorbildfunktion und persönliche Identifikation

Warum sollten Sie sich überhaupt in einem Buch über Führung mit dem Thema „Sich selbst erfolgreich führen" auseinander setzen? Ein kleines Beispiel aus der Praxis dazu.

Stellen Sie sich vor, Sie haben sich vorgenommen sehr früh zur Arbeit zu kommen und Ihren Rückstand vom Vortag sowie die Ziele dieses Tages zu erledigen. Sie werden gegen 8.02 Uhr von den ersten Sonnenstrahlen, die durch Ihr Schlafzimmerfenster kommen, geweckt und stellen fest, dass es in der Nacht einen Stromausfall gegeben hat und Ihr Wecker 2.34 Uhr anzeigt. Schnell stehen Sie auf, gehen ins Bad. Die Zahnpastatube war geöffnet, und die Zahnpasta ist vertrocknet. Nur mit Mühe und Not bekommen Sie noch einen kleinen Rest heraus. Bevor Sie sich auf den Weg machen, trinken Sie noch schnell einen schönen, heißen Schluck von dem frisch aufgesetzten Kaffee. Leider erwischt Ihr Hemd einen Kaffeefleck. Nachdem Sie Ihr Hemd gewechselt haben, machen Sie sich sofort auf den Weg zur Arbeit. Auf der zweispurigen Strecke schert ein Kleinwagen bereits 1 km vor dem LKW auf die linke Seite um zu überholen. Sie müssen von 140 km/h auf 80 runterbremsen. Dadurch erreichen Sie die Ampel leider nur noch bei Rot. Zwischendurch hören Sie Ihre Mailbox vom Handy ab und finden eine Nachricht des Geschäftsführers. Er will den Bericht, den Sie ihm bis um 8.00 Uhr heute Morgen versprochen hatten, spätestens heute Mittag um 12.00 vorliegen haben. Während Sie die Nachricht hören, wird die Ampel grün und Ihr Hintermann fängt an zu hupen. Endlich am Büro angekommen, stellen Sie fest, dass Ihr Stammparkplatz belegt ist. Vor lauter Hektik haben Sie Ihren Büroschlüssel vergessen und müssen klingeln.

Wann, glauben Sie, wissen Ihre Mitarbeiter, wie heute der Tag wird? Jawohl, mit Ihrem Klingeln! Wie Sie klingeln, wie Sie hineingehen, wie Sie Ihre Begrüßung vornehmen oder durch einfaches Unterlassen einer freundlichen Begrüßung wissen Ihre Mitarbeiter, was die Stunde geschlagen hat. Und es steht zu befürchten, dass Sie aufgrund der Hektik während der Fahrt ins Büro in einem Zustand sind, der dazu führt, dass sie ungeduldig und gereizt sind. Vielleicht fällt es Ihnen nun schwer, sich in einen Zustand zu begeben, der verhindert, dass Sie Ihre Mitarbeiter ungerecht behandeln und Ihren aufgestauten Ärger an ihnen auslassen. Wie aber wollen Sie von Ihren Mitarbeitern verlangen, dass sie ihrerseits im Kundengespräch freundlich bleiben und kundenorientiert vorgehen, obwohl sie in einem emotional schlechten Zustand sind, wenn Sie selbst nicht dazu in der Lage sind? Wenn Sie es nicht schaffen, bei Ihrer Führungsarbeit von persönlichen Animositäten abzusehen? Oder anders formuliert: Wie wollen Sie Mitarbeiter führen, wenn Sie sich selbst nicht im Griff haben, sich selbst nicht führen können? Zumindest wird es Ihre Führungsarbeit erschweren, wenn Sie nicht als positives Vorbild wirken.

Das Problem ist: Wir wirken immer – als Führungskraft ganz besonders. Wenn Sie selbst denken, die Ziele, die Ihnen die Unternehmensführung aufgegeben hat, sind nicht zu erreichen, wie sollen dann Ihre Mitarbeiter daran glauben? Welche zusätzlichen Anstrengungen wird Ihr Team unternehmen, um das Ziel dennoch zu erreichen, wenn nicht mal der Chef wirklich glaubt, dass es zu erreichen ist? Wenn Sie selbst nicht begeistert an der Umsetzung eines Projektes arbeiten, wie möchten Sie dann andere Menschen dafür entzünden? Wenn Sie selbst um Ihren Arbeitsplatz bangen, wie wollen Sie Ihren Mitarbeitern Sicherheit vermitteln? Wenn Sie selbst keine Freude und Selbstverwirklichung an Ihrer Tätigkeit finden, wie möchten Sie dies bei Ihren Mitarbeitern erreichen? Wenn Sie selbst nicht gern Fehler zugeben, warum sollte es ein Mitarbeiter tun?

Wir wirken immer – als Führungskraft ganz besonders

Für einen Konzern bekamen wir den Auftrag, die Top-Verkäufer im Bereich der Kundenakquisition zu trainieren. Das Geschäft sollte mit neuen Kunden erweitert werden. Doch bevor die Trainingsmaßnahme startete, führten wir einen Workshop mit den Führungskräften durch und legten die Vorgehensweise sowie die Rahmenbedingungen fest. In den Pausengesprächen mit einzelnen Führungskräften hörten wir dann: „Die Ziele sind ohnehin unrealistisch und sowieso nicht zu schaffen." Was denken Sie, auf welche Einstellungen und Meinungen zum Thema „Zielerreichung" wir bei den Top-Verkäufern gestoßen sind? Seltsamerweise dachten die genau das Gleiche. Wenn jetzt niemand von außen kommen würde, um die Menschen zu motivieren, doch für die Ziele zu kämpfen – welche Entwicklung würde der Konzern wohl nehmen? Jeder würde sich am Ende des Jahres doch wohl nur bestätigt finden: „Das wussten wir im Vornherein, die Ziele waren ohnehin nicht zu schaffen."

Was wirklich real zu schaffen ist und was nicht, können wir vielfach nicht bestimmen. Aber wenn wir von Anfang an damit rechnen, es nicht zu erreichen, dann setzen wir nicht unsere kompletten Ressourcen ein. Nur mal angenommen, die gleichen Führungskräfte vermitteln Ihren Mitarbeitern, „Ja, es ist zu schaffen und wir werden alles dafür geben und ich werde Sie unterstützen, wo ich kann." Wie werden dann die gleichen Mitarbeiter über die Ziele denken? Vielleicht ist immer noch einer dabei, der nicht an die Erreichung glaubt. Aber genau hier fangen dann die wirklichen Aufgaben einer Führungskraft an. Die Mitarbeiter so zu unterstützen, so weiterzuentwickeln und so zu fördern, dass auch sie an die Erreichung glauben.

Es kann gar nicht oft genug betont werden, wie stark sich
- Ihre persönliche Einstellung,
- Ihre Körpersprache und
- Ihr Tonfall

auf die Stimmung und die Motivation in Ihrem Team auswirken. Welche Signale setzen Sie gegenüber Ihren Mitarbeitern, wenn Sie den ganzen Tag gehetzt, unmotiviert, gestresst und ohne ein Lächeln arbeiten? Wie soll es ein Mitarbeiter interpretieren, wenn Sie müde und lustlos zur Arbeit gehen? Was soll ein Mitarbeiter davon halten, wenn Sie auf der Betriebsfeier über die Geschäftsleitung lästern? Welches Vertrauen soll ein Mitarbeiter in das Unternehmen setzen, wenn Sie Stellenanzeigen am Schreibtisch lesen?

Eine Führungskraft sagte einmal zu uns: „Aber ich bin doch auch nur ein Mensch. Wenn ich aber nicht alles gut finde, was die Geschäftsleitung beschließt, kann ich doch nicht so tun, als ob ich dahinter stehe?" Eine Gegenfrage: Welche (Aus-)Wirkung hat es, wenn Sie Ihren Mitarbeitern deutlich machen, dass Sie auch nicht hinter den Entscheidungen der Geschäftsleitung stehen? Die gesamte Mannschaft ist unzufrieden, die Anstrengungen lassen nach, die Demotivation steigt und die Zufriedenheit mit der Geschäftsleitung mit Ihrer Abteilung sinkt. Sie befinden sich in einer Negativspirale. Sie müssen nicht alles gut finden, was die Geschäftsleitung beschließt. Sie sollten auch jederzeit, sofern Sie die Möglichkeit haben, Ihre besseren Ideen der Geschäftsleitung vorstellen. Aber wenn die Richtung einmal festgelegt ist, dann *müssen* alle am gleichen Strang ziehen. Ob man es gut findet oder nicht. Ihr Ziel sollte immer sein, die Mitarbeiter nicht nur für Ihr Team zu motivieren, sondern für die Firma. Dafür sind Sie Führungskraft. Manche Menschen denken, wenn Sie Führungskraft sind, haben Sie mehr Geld, mehr Macht und mehr Ansehen. Aber Führungskraft zu sein bedeutet auch, sich für die Unternehmensziele einzusetzen und sie mitzutragen sowie Verantwortung für die Erreichung zu übernehmen. Das sind dann die manchmal auch unangenehmen Seiten einer Führungstätigkeit. Wenn das nicht mehr geht, ist es Zeit zu gehen. Sie wissen doch: Love it, leave it or change it!

Sie überzeugen als Vorbild

Gerade im Bereich Verkauf und Vertrieb wird immer wieder die Bedeutung von Werten und Überzeugungen für die grundsätzliche Einstellung des Verkäufers betont. Ehrlichkeit, Glaubwürdigkeit und Authentizität als Grundlage der Werte und Einstellungen können positive Folgen für das konkrete Verhalten gegenüber dem Kunden haben, sie sind Voraussetzung für ein professionelles Kundenbeziehungsmanagement. Hier ist jeder Verkäufer aufgefordert, sich die Frage zu stellen, von welchen Werten er sich leiten lässt. Und vielleicht muss er die Konsequenz ziehen, an seinen Werten und Überzeugungen zu arbeiten. Sie als Führungskräfte können ihn dabei unterstützen, indem Sie Ihre Vorbildfunktion wahrnehmen. Gelingen kann dies durch einen mitarbeiterorientierten Führungsstil. Wenn Sie versuchen, Vertrauen zum Mitarbeiter aufzubauen, indem Sie ihn etwa eigen- und selbständig arbeiten lassen, überträgt der Verkäufer dieses Verhalten mit hoher Wahrscheinlichkeit auf seine Kundenkontakte: Der Kontakt und die Kommunikation zwischen Ihnen und dem Verkäufer kann als Beispiel dienen, wie dieser mit seinen Kunden umgehen sollte. Sie leben im mitarbeiterorientierten Dialog die kundenfreundliche Ansprache vor – zur Nachahmung cmpfohlen. Und dieser Zusammenhang lässt sich natürlich auf jedes Führungskraft-Mitarbeiter-Verhältnis übertragen.

Auch wenn es in Ihrem Unternehmen Unzufriedenheiten und Unsicherheiten geben sollte: Lassen Sie sich nicht vom Gesamtklima anstecken. Schaffen Sie gemeinsam mit Ihrem Team eine Arbeitsatmosphäre, die Ihre Mitarbeiter gerne bei Ihnen arbeiten lässt. Indem Sie als Vorbild wirken, können Sie einen entscheidenden Beitrag dazu leisten. Lassen Sie sich nicht davon beeindrucken, was andere sagen. Schaffen Sie für sich und Ihre Mitarbeiter kleine Inseln im Unternehmen. Das gelingt Ihnen am besten, wenn Ihnen Ihre Tätigkeit wirklich Freude macht und Sie auch so als Vorbild wirken können.

Lieben Sie Ihre Tätigkeit!

Wenn Sie den Umgang mit Menschen lieben, dann haben Sie sich als Führungskraft richtig entschieden. Ansonsten sollten Sie überlegen, ob Führungsverantwortung wirklich die Aufgabe ist, die Sie erfüllt. Wir möchten Ihnen dazu von der Entscheidung eines Teilnehmers eines unserer Trainings berichten – eine Entscheidung, die alle Hochachtung verdient. Der Teilnehmer war (und ist jetzt wieder) ein ausgesprochen hervorragender Kundenberater. Er war bereits Prokurist, als in der Firma die Position eines Vorstandsmitgliedes vakant wurde. Als Prokurist wäre er an und für sich „der Nächste" gewesen. Selbstverständlich hatte er sich auch, wie von ihm allgemein erwartet wurde, dafür beworben. Die Ausschreibung dauerte einige Zeit und es wurden auch noch externe Bewerbungen in die Entscheidung einbezogen. Während dieser Entscheidungsphase ging es dem exzellenten Kundenberater dermaßen schlecht, dass seine Familie, seine Kunden, die Qualität seiner Beratungen und zum

Schluss auch seine Gesundheit stark darunter litten. In einem persönlichen Gespräch stellten wir fest, warum er sich eigentlich für diese Position beworben hatte: Es war nicht die Aufgabe selbst, die ihn gereizt hatte; vielmehr war es der Druck von außen, der ihn bewogen hatte, sich um die Position zu bewerben. Er dachte, es würde von ihm erwartet, dass er noch weiter die Karriereleiter aufsteigt. Nach gründlichem Überlegen kam er darauf, dass dies aber weder ihm noch seiner Familie wirklich wichtig war. Entscheidender war, dass ihm seine jetzige Tätigkeit viel Freude machte. Er liebte die freie Zeit, die ihm dadurch für seine Familie und seine Hobbys blieb. Nachdem er dies erkannt hatte, verloren die Erwartungen „der anderen" vollkommen an Bedeutung. Er nahm sein Bewerbung zurück und behielt die Position, die er innehatte – und wurde wieder zu jenem zufriedenen, gesunden Menschen und guten Kundenberater.

Wenn Sie als Führungskraft nicht gerne an der Entwicklung von Menschen arbeiten oder unter dem Druck der Zielvereinbarungen leiden, dann überprüfen Sie, ob es für Sie vielleicht besser ist, sich als Fachkraft zu spezialisieren. Lassen Sie es nicht zu, dass Sie von Unlust befallen werden und nur noch Ihren Dienst tun oder Ihren Job absitzen oder vor lauter Stress ihre Gesundheit riskieren. Das können Sie sich und Ihren Mitarbeitern nicht antun. Wenn Ihnen der Druck zu stark wird, werden Sie keine Freude mehr an Ihrer Tätigkeit haben und Sie werden wenige Perspektiven sehen. Schlimmstenfalls bekommen Sie vielleicht noch ein Magengeschwür und fragen sich am Ende: „Warum mache ich das alles?" Prüfen Sie Ihre Entscheidungen und Ihre Tätigkeit sehr sorgfältig daraufhin, ob Sie sie gerne ausüben. Als Führungskraft tragen Sie nicht nur für sich die Verantwortung, sondern auch für den Erfolg Ihres Teams. Wenn Sie Ihre Arbeit gerne, mit Liebe und Engagement ausüben, ist es gut für Sie selbst, gut für das Unternehmen, aber ganz besonders gut für

Ihre Mitarbeiter. Denn: Wen wollen Sie anzünden, wenn Sie selbst nicht brennen?

Erfolg durch die Identifikation mit Ihrem Unternehmen

Als Führungskraft in einem Unternehmen bewegen Sie sich in einem Rahmen vorgegebener Regeln Ihres Arbeitgebers. Wie sehen Sie diese Regeln? Tragen Sie sie mit oder sind Sie eher konträr eingestellt?

Nicht immer können wir die Geschäftspolitik, Vertriebspolitik oder Personalpolitik nachempfinden und vertreten eigentlich eine andere Auffassung. Aber ist das nicht immer so, dass Menschen unterschiedliche Meinungen haben? Bevor die Geschäftsleitung sich zum Beispiel für eine bestimme Vertriebspolitik entschieden hat, gab es sicherlich viele Überlegungen, Sitzungen und eine Menge von komplexen Aspekten, die zu berücksichtigen waren. Kennen wir diese ganzen Bedingungen, die Grundlage für die eingeschlagene Richtung sind? Oftmals kennen wir sie nicht und kommen leichtfertig zu dem Urteil: „Das ist doch alles Mist, was die da wieder entschieden haben, die wissen ja gar nicht, was hier an der Front los ist."

Überlegen Sie einmal: Wenn Sie selbst von Ihrem Unternehmen nicht überzeugt sind, wie können Sie dann Ihren Mitarbeiter davon überzeugen und halten? Wenn Sie die Entscheidungen als falsch betrachten, dann kommt es schnell zu Gedanken oder gar Aussagen wie: „Wir sind immer die Letzten!" Sicher kann diese Aussage so nicht zutreffen, sonst hätte Ihr Unternehmen längst geschlossen. Aber man ist schnell mit Pauschalurteilen bei der Hand, zu leicht wird generalisiert. Und die oft gestellte Frage „Ist Ihr Unternehmen immer teurer – und zwar teurer als alle anderen?" wird sich mit Sicherheit nicht bestätigen lassen. Es gibt überall in der Wirtschaft „gute und schlechte Zeiten". Also Zeiten, in denen unser Angebot gut ist, und Zeiten, in denen wir etwas ungünstiger liegen. Hier herrscht ein permanenter Wechsel. Was ist zu tun, damit Sie nicht zum Generalisierer werden?

1. Hinterfragen Sie selbst den vermeintlich negativen Punkt. Manchmal lesen oder hören wir die Meinung eines Einzelnen und neigen dazu, diese eine Meinung als allgemein gültig gelten zu lassen. Prüfen Sie die vermeintlichen Nachteile auf ihre Richtigkeit.
2. Wenn Sie einen oder zwei Punkte finden, die den Nachteil bezeugen, suchen Sie noch nach weiteren Punkten. Vergleichen Sie nicht nur diese beiden Nachteile, sondern versuchen Sie alle Aspekte einer Entscheidung zu verstehen. Vermeiden Sie einseitige Meinungsdarstellungen anderer.
3. Setzen Sie sich in die Lage des Entscheiders. Unterstellen Sie dem Entscheider Kompetenz und positive Absichten. Identifizieren Sie sich mit den Teilen der Entscheidung, die Sie voll mittragen können und geben Sie dies entsprechend an Ihre Mitarbeiter weiter.
4. Setzen Sie sich bei Ihren Vorgesetzten für bessere Entscheidungen und für die Ideen Ihrer Mitarbeiter ein. Nutzen Sie die Gelegenheiten, Ihren eigenen Vorgesetzten Vorschläge zu verkaufen. Setzen Sie sich ein für Ihre Ideen beim Vorstand. Aber vertreten Sie getroffene Entscheidungen gegenüber den Mitarbeitern.

Hier geht es nicht darum zum „Ja-Sager" der Geschäftsleitung zu mutieren. Es geht vielmehr darum, nicht selbst in die Falle der „inneren Kündigung" zu stolpern. Sie selbst brauchen auch Identifikation – mit dem Unternehmen oder mit Ihren Mitarbeitern oder mit Ihren Kunden. Fehlende Identifikation ist auf die Dauer schädlich –

für Ihre Gesundheit, für Ihr Wohlbefinden und nicht zuletzt für Ihre private Partnerschaft und die Beziehung zu Ihren Kindern.

Identifizieren Sie sich mit Ihrem Unternehmen. Treten Sie nach außen gemeinsam auf, vertreten Sie Entscheidungen Ihres Hauses als die Ihren. Würden Sie das nicht auch von Menschen erwarten, die von Ihnen bezahlt werden? Sie haben mit Ihrer Einstellung „Ja" gesagt zum Unternehmen. Echtes Commitment bedeutet „in guten wie in schlechten Zeiten" zum Unternehmen zu stehen. Sie dürfen Ihren Partner (das Unternehmen) nicht hinter seinem Rücken (zum Beispiel mit den Mitarbeitern) schlecht machen. Sprechen Sie, falls Sie es für notwendig erachten, offen die Punkte an. Stellen Sie sich einmal vor, Ihre Ehefrau oder Ihr Ehemann würde hinter Ihrem Rücken mit Ihren Kindern darüber sprechen, was Sie für falsche Entscheidungen getroffen haben und was Sie alles falsch machen. Wie muss es Ihren Kindern dabei gehen, die beide Elternteile schätzen? Keine gute Situation – wir hoffen, Sie stimmen mit uns überein.
Das kann man nicht vergleichen, denken Sie? Wir wissen natürlich, dass es in manchen Unternehmen eher von Nachteil ist, offen Probleme anzusprechen, und die Unternehmenskulturen hier zum Teil noch nicht so weit sind. Doch die Frage ist: Welche Kultur initiieren oder akzeptieren Sie in Ihrem Team?

Erfolg durch die Identifikation mit Ihren Mitarbeitern

Bei aller Identifikation mit Unternehmen und Führungstätigkeit dürfen Sie Ihre wichtigste Aufgabe, die Identifikation mit Ihren Mitarbeitern, nicht vergessen. Wenn Sie sich für Menschenführung entschieden haben, dann tragen Sie voll und ganz die Verantwortung dafür. Letzten Endes sind es Ihre Mitarbeiter, die einen großen Teil zum Erfolg des ganzen Teams beitragen. Sie sollten daher über einige Grundeigenschaften verfügen oder sich diese aneignen. Ob Sie über sie verfügen, erfahren Sie, wenn sie folgende Fragen beantworten:

✒ Übung
Nehmen Sie Ihr Strategieheft zur Hand und notieren Sie Ihre Antworten:
- Lieben Sie Menschen mit Ihren Stärken und Schwächen? Und wodurch merken das auch Ihre Mitarbeiter?
- Zeigen Sie anderen Menschen gegenüber Verständnis und geben Sie Hilfestellung?
- Freuen Sie sich ehrlich über die Weiterentwicklung Ihrer Teams und Ihrer Mitarbeiter?
- Sehen Sie Ihre Mitarbeiter als *Ihre* Kunden?

Sich mit seinen Mitarbeitern zu identifizieren heißt, Probleme und Sorgen der Mitarbeiter ernst zu nehmen. Geben Sie also in Ihren Gesprächen mehr als nur schnelle Empfehlungen. Versuchen Sie vielmehr zu ergründen, was Ihre Mitarbeiter bedrückt und wo Sie ihnen helfen können, eine Lösung zu finden. Identifizieren bedeutet außerdem, die Wünsche und Motivationen der Mitarbeiter herauszufinden. Wenn Sie herausfinden, was Ihre Mitarbeiter bewegt, wie sie sich ihre Zukunft im Unternehmen vorstellen, wofür sie arbeiten und sich einsetzen werden, dann haben Sie die wichtigsten Faktoren, um Ihre Mitarbeiter langfristig zu halten. Viele Führungskräfte fragen ihre Mitarbeiter nicht nach Ihren Wünschen und Zielen, weil sie befürchten, der Mitarbeiter frage nur nach mehr Gehalt. Eine Studie der Gesellschaft für betriebliche Weiterbildung in Berlin zeigt, was Mitarbeiter wirklich wollen. Zunächst einmal wurden die Führungskräfte gefragt, was sie glauben, was Mitarbeiter wollen. An erster Stelle nannten die Führungskräfte „Ein gutes Einkommen", auf Platz zwei war „Gute Arbeitsbedingungen", an dritter Stelle kam „Wohlergehen in der Firma". Auf Platz neun wurde „Anerkennung für gut geleistete Arbeit" genannt.

Nun zu den Mitarbeitern selbst. Was haben Sie genannt? An erster Stelle ihrer Wünsche waren bei den Mitarbeitern „Anerkennung für gut geleistete Arbeit". An erster Stelle!! Nicht erst an neunter. Und nicht allem voran steht Geld, wie die Führungskräfte gerne glauben. Nein, Anerkennung ist der wichtigste Punkt. Auf Platz zwei der Mitarbeiter war „Genaue Kenntnisse des Produktes und der Firmenzielsetzung" und Platz drei belegt „Eingehen auf private Sorgen". Erst an vierter Stelle wurde „Gutes Einkommen" genannt.

Fünf einfache Botschaften steigern das Engagement und die Identifikation Ihrer Mitarbeiter um ein Vielfaches. Wenn Sie diese fünf Botschaften täglich Ihren Mitarbeitern signalisieren, werden Sie schon eine erstaunliche Veränderung in Ihrem Team erleben:
1. Botschaft: „Ich sehe Sie. Sie existieren."
   (= Ich nehme Sie wahr.)
2. Botschaft: „Sie sind wertvoll."
   (= Ich schätze Sie wert.)
3. Botschaft: „Sie sind wichtig/besonders/einzigartig."
   (= Sie sind einzigartig.)
4. Botschaft: „Sie sind willkommen. Sie gehören hierher."
   (= Sie sind ein Teil vom Ganzen.)
5. Botschaft: „Sie haben etwas beizutragen."
   (= Ich weiß, dass Sie nützlich sind.)

Menschen möchten wahrgenommen und wertgeschätzt werden. Sie möchten einzigartig sein – und doch ein Teil des Ganzen. Sie möchten gebraucht werden und Nützliches tun. „Botschaft" bedeutet jedoch leider nicht, dass wir es den Mitarbeitern einfach sagen können – und schon funktioniert es. Nein, „Botschaft" bedeutet, dass unsere täglichen Handlungen und unsere Kommunikation diese Grundbotschaften widerspiegeln sollen. Das ist um ein Vielfaches herausfordernder. Denn nur dann wirken wir kongruent.

Je höher Ihr Identifikations-Faktor, desto größer Ihr Erfolg, als Vorbild Ihrer Mitarbeiter wirken zu können. Denn wenn Sie das lieben, was Sie tun, werden Sie stolz auf sich und Ihre Arbeit sein. Und das strahlt auf Ihre Mitarbeiter ab.

Kurz zusammengefasst

- Wirken Sie als Vorbild Ihrer Mitarbeiter.
- Identifizieren Sie sich mit den Zielen des Unternehmens und zeigen Sie Zuversicht, diese zu erreichen.
- Lieben Sie das, was Sie tun, und tun Sie das, was Sie lieben.
- Machen Sie sich die Entscheidung für oder gegen den Beruf nicht zu leicht. Bedenken Sie genau die Konsequenzen. Übernehmen Sie die Verantwortung bewusst.
- Vertreten Sie Entscheidungen Ihres Unternehmens, als ob es Ihre eigenen wären.
- Identifizieren Sie sich auch mit Ihren Mitarbeitern. So können Sie nach außen als Gemeinschaft auftreten und überzeugen.

Meine wichtigsten Erkenntnisse:

_____

_____

_____

So setze ich das Gelesene konkret um:

_____

_____

_____

Kapitel 2:
Erfolgreich und gesund durch persönliche Überzeugung

Die Möglichkeiten und Fähigkeiten, etwas zu bewegen und selbstbewusst zu sein, sind in jedem von uns verborgen. Man muss sie sich nur bewusst machen, man muss sie einfach nur aktivieren. Überhebliches Auftreten gegenüber anderen Menschen, die eigenen Fehler nicht offen zugeben zu können, Lob für überflüssig zu halten, zu denken, dass man selbst alles am besten erledigen kann und bei Schwierigkeiten den Schuldigen zu suchen – all dies zählt nach unserem Verständnis nicht zu dem Verhalten eines selbstbewussten Menschen. Selbstbewusste Menschen können auch mal einem anderen den Vortritt lassen, haben überhaupt kein Problem damit, einen Fehler offen einzugestehen. Selbstbewusste Führungskräfte nehmen nicht erreichte Ziele auf ihre Kappe und schreiben die Erfolge den Mitarbeitern zu, um die Motivation des Teams aufrechtzuerhalten. Sie suchen gemeinsam mit ihrem Team nach Lösungen – und nicht nach Schuldigen. Sie verteilen großzügig Lob, weil sie sich ihrer selbst bewusst sind.

Vielleicht haben Sie schon einmal eine Persönlichkeitsanalyse von sich erstellen lassen und gelesen. Wenn man Ihnen nun die Aufgabe stellen würde, über sich selbst eine Persönlichkeitsanalyse zu erstellen, wie würde das aussehen? Welche Stärken als Führungskraft und welche Schwächen würden Sie sich selbst bescheinigen? Welche dieser Stärken und Schwächen würden Ihnen auch andere bescheinigen?

✎ Übung

Nehmen Sie bitte Ihr persönliches Strategieheft zur Hand und notieren Sie in kurzen Stichworten unter der Überschrift „Meine Persönlichkeitsanalyse" alle Ihre Eigenschaften. Nehmen Sie sich hierfür ca. zehn Minuten Zeit. Überlegen Sie in Ruhe. Schreiben Sie Ihre Gedanken nieder und lesen Sie erst dann weiter. Beginnen Sie jetzt damit. Die notierten Stichworte werden widerspiegeln, wie Sie sich selbst sehen.

Im Folgenden möchten wir das Selbstvertrauen bzw. das „Sich-selbst-etwas-Zutrauen" näher betrachten. Es ist ein wichtiger Teil im Umgang mit uns selbst. Was wir uns und anderen zutrauen, hängt davon ab,

- was wir über uns und andere denken,
- an was wir von uns und anderen glauben und
- was wir meinen, erreichen zu können.

Voraussetzungen für unser Handeln sind daher unsere Überzeugungen/Glaubenssätze. Glaubenssätze sind die Gedanken, von denen wir „glauben", dass sie richtig sind.

Wenn Sie in den Spiegel schauen, sind Sie dann zufrieden mit sich oder eher unzufrieden? Und bevor Sie weiter lesen ist es wichtig, dass Sie sich die Fragen ehrlich beantworten. Es geht dabei nicht um ein Fremdbild, sondern ausschließlich um Ihre eigene, ehrliche Beurteilung. Wie sehen Sie sich? Beurteilen Sie sich eher als Versager- oder als Erfolgstyp? Als Problem- oder Chancen-Denker? Als negativ oder positiv denkenden Menschen? Die Grundlage dessen, wie Sie sich sehen, sind Ihre Überzeugungen. Diese sind tief in uns verwurzelt. Sie werden bereits früh in uns geprägt und stammen häufig von unseren Eltern oder sonstigen äußeren Einflüssen. Alles, was

Sie im Laufe des Lebens hören, sehen und erleben, wird in Ihnen verinnerlicht, Sie werden es als innere Bilder sehen oder mit sich selbst in einem inneren Dialog besprechen. Alles wird in Ihrem Unterbewusstsein gespeichert. Überzeugungen und Glaubenssätze sind für uns oft feste Gebote, wie „Männer weinen nicht", „Ein Indianer kennt keinen Schmerz" usw. Sicher hängen auch Sie selbst vielen dieser Glaubenssätze an. Sie wirken je nachdem, wie wir sie auffassen, unterschiedlich auf uns. Beispielsweise erzählte ein Teilnehmer, dass bei ihm zu Hause früher oft folgender Satz fiel: „Du schaffst das schon, im Gegensatz zu deinem Bruder!" Unbewusst wurde dieser Satz bei beiden Kindern auf unterschiedliche Art und Weise gespeichert. Er wirkte somit auf den inneren Zustand und damit auf das äußere Verhalten. Der Glaubenssatz, den der Teilnehmer in seinem Unterbewusstsein ablegte, stellt sich ganz anders dar als der im Unterbewusstsein seines Bruders gespeicherte. Das Ergebnis dieser einen, nicht bedachten Äußerung der Eltern war, dass unser Teilnehmer ein junger Mann wurde, der gern alles ausprobiert und Neues anpackt. Im Gegensatz zu seinem Bruder, der heute mit 34 Jahren vor jeder größeren Entscheidung zweifelt, ob er es richtig machen und schaffen wird. Also: *Unsere Überzeugungen und was wir von uns glauben sind ein fester Bestandteil unserer Einstellung, der das Handeln folgt.*

Das, was wir glauben, bestimmt unser Denken. Was wir denken, ist Grundlage unserer inneren Bilder, Worte, Gefühle und unserer Vorstellung. Diese inneren Bilder, Gefühle und Vorstellungen sind wiederum Grundlage unseres Handelns. Erfolgreich Mitarbeiter führen heißt also auch, erfolgreich denken bzw. erfolgreich und positiv über sich selbst und andere denken. Deshalb ist es wichtig, seine eigenen Glaubenssätze einmal zu überprüfen, die positiven zu stärken und auszubauen bzw. die negativen zu notieren und zu überdenken, inwieweit sie unserem Erfolg und unserer Einstellung dienlich sind.

Denn das, was Sie persönlich glauben, ist ausschließlich Ihre eigene freiwillige Entscheidung. Sie können Ihre Einstellung zu etwas innerhalb einer Sekunde ändern, wenn sie wirklich wollen. Sie müssen nur klar wissen, dass Sie mit dem Echo – den Konsequenzen – leben können und wollen.

Überzeugungen schaffen Realität

In Arbeit mit Führungskräften geben wir oft vor in zehn Sätzen die Welt zu beschreiben, die Welt, auf der wir leben. Eine relativ einfache Aufgabe. Beim Abfragen dieser kleinen Aufgabe kommt es zu total unterschiedlichen Ergebnissen. Während einer die Welt als bunt, farbig, schön und liebenswert darstellt, erklärt ein anderer die Welt als rund und voller Kriege, Ozonloch, Luftverschmutzung, während wieder ein anderer die Welt mit Autofahren, Spaß, Lebenslust beschreibt. Sicher können Sie sich vorstellen, dass alle verschiedene Erfahrungen, das heißt unterschiedliche Weltanschauungen haben. Warum ist das so? Die Welt ist so komplex und groß, dass es nicht möglich ist, sie von zwei Menschen identisch beschrieben zu sehen. Wie wir die Welt verstehen, hängt von unserer Einstellung ab bzw. davon, wie wir glauben, dass sich die Welt für uns darstellt. Das heißt: *Was wir als Bild der Welt in uns tragen, ist lediglich eine Landkarte unserer persönlichen Sicht der Welt.* Im Laufe der Jahre wurde diese Landkarte von jedem Menschen individuell angelegt. Keine Landkarte gleicht der eines anderen, was zwangsläufig zu unterschiedlichen Betrachtungsbildern führt. Aber bedenken Sie, eine Karte ist nicht das Gebiet, sie gibt lediglich das Gebiet wieder.

Was also ist Realität? Es gibt keine Realität. Realität ist das, was ich mir selbst schaffe: **Es ist meine Realität** und muss nicht zwangsläufig auch die Realität der anderen Menschen sein.

Diese *eine* Erkenntnis ist die häufigste Ursache von Missverständnissen in der Kommunikation. Sicher haben Sie schon vielfach an Geschäftsleitungsmeetings teilgenommen. Es kann gut sein, dass Sie ganz begeistert vom Vortrag des Vorstandes waren, während Ihr Kollege eher enttäuscht war und den Vortrag und dessen Ideen nur mittelmäßig oder schlecht fand – oder umgekehrt. Sie nahmen jedoch beide an ein und demselben Meeting teil. Sie sahen denselben Vorstand, hörten dieselben Worte, saßen zur selben Zeit im selben Raum – und dennoch wird jeder diesen Vortrag für sich unterschiedlich werten. Womit hängt dies zusammen? Es hängt mit unserer Einstellung und dem, was wir glauben, zusammen. Welche Bewertung geben Sie einer Situation oder einer Aussage? Wir können nicht immer beeinflussen, was uns passiert. Aber wir können immer beeinflussen, welche Bewertung wir dem Ereignis geben und wie wir darauf reagieren!

Wenn einer Ihrer Glaubenssätze lautet: „Unser Team ist ein Erfolgsteam und trotzt der Marktsituation", dann werden Sie

- überlegen, wie Sie dies Ihren Mitarbeitern zeigen können.
- prüfen, was Sie konkret tun können, damit Ihre Mitarbeiter es auch merken.
- Dann gehen Sie diesen Weg, d. h. Sie gehen in diese Richtung und
- schauen sich regelmäßig das Feedback an. Und wenn es

- nicht Ihren Erwartungen entspricht, überprüfen Sie Ihre Strategie und ändern diese gegebenenfalls, bis Sie mit dem Feedback einverstanden sind.

Wenn Sie hingegen überzeugt sind, dass Ihre Mitarbeiter unzuverlässig und unfähig sind, ständig nur Fehler machen, ohne Führung und Kontrolle nichts arbeiten, nie das machen, was Sie von Ihnen verlangen, dann wird sich die Situation anders darstellen. Sicher können Sie sich jetzt schon vorstellen, dass sich allein durch diese Denkhaltung Ihr Verhalten ändern wird. Selbst wenn Sie sich positiv verhalten und Ihren Mitarbeitern etwas vorspielen, werden Sie sich innerlich in einem schlechten, d.h. in einem nicht kongruenten Zustand befinden und dies wiederum werden Ihre Mitarbeiter spüren.

„Die Dinge haben nur den Wert, den man ihnen verleiht." Molière

Glaubenssätze/Überzeugungen sind nicht von Natur gegeben, sie werden geprägt durch unsere Sichtweise, die Summe unserer Erfahrungen und der daraus abgeleiteten Erkenntnisse. Das heißt, sie können verändert, ausgetauscht oder verbessert werden - es liegt an Ihnen. Es ist nicht immer notwendig, dass wir Glaubenssätze, die wir negativ sehen, austauschen, manchmal genügt es, sie zu erweitern. Ein Teilnehmer in einem Führungs-Coaching sagte einmal: „Ich bin so, wie ich bin - und jeder muss mich so nehmen!" Als das Coaching zu Ende ging – da wir im Intervall arbeiten nach ca. einem Vierteljahr – erzählte er wieder von seiner Einstellung. Er hatte sie nicht abgelegt oder als negativen Glaubenssatz verbannt, nein, er war bereit gewesen, diesen Glaubenssatz zu ändern bzw. zu erweitern, und zwar um den Satz: „Ich muss mich nicht so nehmen, wie ich bin, ich kann mich ändern, wenn ich will!" Allein durch diese kleine Erweiterung hat er sich selbst die Möglichkeit eröffnet, etwas für sich und sein Verhalten zu tun, Änderungen zuzulassen und aktiv vorantreiben zu können.

Ist es nicht interessant, wie doch kleine Sätze, an die wir glauben, unser Denken und Handeln positiv oder negativ beeinflussen können? Wir nennen diese deshalb hemmende oder fördernde Glaubenssätze. Nun stellt sich die Frage, wie man seine hemmenden Glaubenssätze herausfindet oder noch besser - wie man sich fördernde schafft. Das heißt, prüfen Sie selbst, welcher Glaube Ihrem Handeln zugrunde liegt.

✎ Übung

Greifen Sie zu Ihrem persönlichen Strategieheft und notieren Sie mindestens fünf verschiedene Glaubenssätze, die in der Vergangenheit Ihre Handlungsweise als Führungskraft bestimmt haben. Denken Sie dabei auch an Ihre wichtigsten Werte. Nun prüfen Sie diese Glaubenssätze daraufhin, ob sie Ihr Verhalten hemmen oder fördern. Wenn sie Ihr Verhalten hemmen, überprüfen Sie die Möglichkeiten, diesen Glaubenssatz zu erweitern oder ihn gegen einen fördernden auszutauschen.

Danach listen Sie mindestens fünf positive Glaubenssätze auf, die Ihnen dabei helfen können, Ihre wichtigsten Ziele gemeinsam mit Ihrem Team zu erreichen.

Notieren Sie sich diese Glaubenssätze so, dass Sie diese täglich griffbereit haben, d. h. dass Sie sie täglich mindestens ein-, zwei- oder mehrmals lesen können. Schreiben Sie sich einen Zettel für Ihren Geldbeutel oder tragen Sie sich diese Sätze in Ihrem Zeitplanbuch ein und lesen Sie sie regelmäßig durch. Denn Ihr Glaube an sich wird Ihre Zukunft bestimmen. Aber warum ist das so?

Die Negativ-/Positivspirale

„Wenn es einen Glauben gibt, der Berge versetzen kann, so ist es der Glaube an die eigene Kraft." Marie von Ebner-Eschenbach

Wie wir soeben festgestellt haben, gibt es fördernde und hemmende Glaubenssätze. Manchmal gelingt uns alles, was wir anfassen, wir befinden uns in einem richtigen Aufwind. Aber es gibt auch Tage, da läuft nichts, und je mehr wir agieren, desto schlimmer wird die Situation. Wir befinden uns in einer Negativspirale. Wenn alles gut läuft, brauchen wir auch nichts zu tun. Schwieriger wird es, wenn wir uns auf dem Weg nach unten, also in der Negativspirale befinden. Wie schaffen wir den Sprung ins Plus?

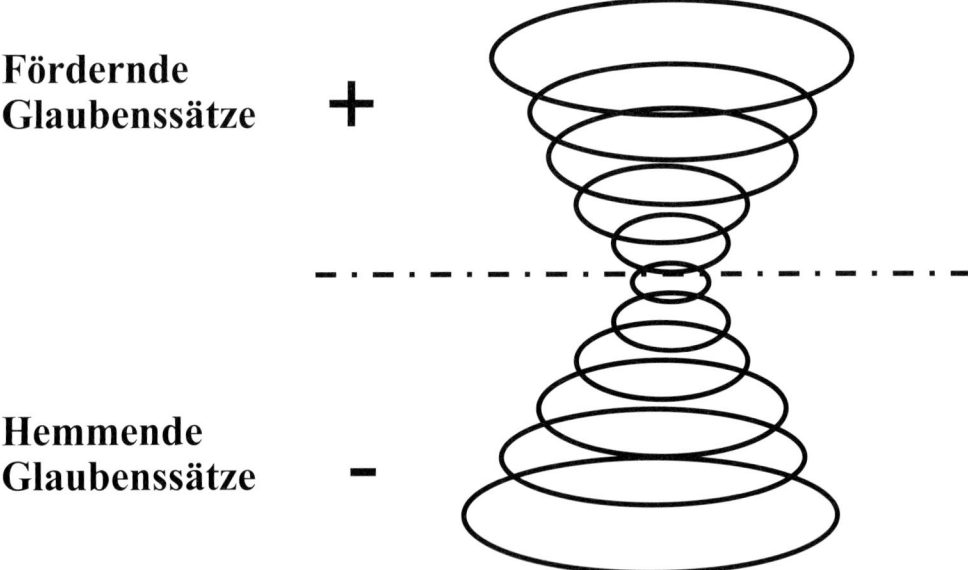

Fördernde Glaubenssätze **+**

Hemmende Glaubenssätze **-**

Es hängt mit unseren Überzeugungen und unserer Einstellung zusammen. Wenn wir glauben, dass wir mit unserem Team das Potenzial, den Willen und die Kreativität haben, den Marktgegebenheiten zu trotzen, und so unsere Ziele erreichen, werden wir notwendiges

Potenzial und Energie freisetzen. Unser Handeln wird sich danach richten und das Ergebnis positiv beeinflussen. Wenn Sie zum Beispiel daran glauben, dass die Marktverhältnisse schwierig sind und Sie es schwer oder gar nicht schaffen können, Ihre Ziele zu erreichen, geben Sie Ihren Gedanken den dafür notwendigen Anstoß. Sie befinden sich damit bereits in einer vorbestimmten Problemerwartung.

Oder nehmen wir als Beispiel ein wichtiges Mitarbeitergespräch. Wie viel Ihres Potenzials und Ihrer Energie werden Sie dafür einsetzen, um das Kritikgespräch erfolgreich durchzuführen, wenn Sie von vornherein überzeugt sind, es werde scheitern? Wahrscheinlich nicht allzu viel. Häufig sind das auch die Gespräche, die so lange auf die lange Bank geschoben werden, bis sie sich von selbst erledigt haben. Durch Ihre Einstellung zu dem Thema haben Sie Ihrem Gehirn bereits vorgegeben, dass es schwierig ist. Aus dieser Bestimmung heraus handeln Sie nun. Aber wie werden Sie handeln? Aktiv, zielstrebig, zuversichtlich? Wahrscheinlich nicht, eher umgekehrt. Wenn Sie bereits überzeugt sind, dass etwas nicht funktioniert, warum sich dann erst anstrengen? Und welche Ergebnisse werden Sie wohl erzielen? Mit großer Wahrscheinlichkeit nur ausgesprochen unbefriedigende, welche wiederum Ihren negativen Glauben nur noch verstärken und die negative Spirale hat begonnen. Erfolglosigkeit zieht weitere Erfolglosigkeit nach. Menschen, die davon geprägt sind, haben oft sehr lange keine positiven Erfahrungen mehr herbeigeführt. Sie tun wenig oder gar nichts mehr, um ihre positiven Potenziale zu nutzen, sie versuchen, ihr Leben so passiv wie möglich einzurichten. Dieses Verhalten führt natürlich zu weiteren negativen Erlebnissen, und die Spirale dreht sich und dreht sich. Das dürfen Sie weder für sich noch für Ihre Mitarbeiter zulassen.

Deshalb: Streichen Sie das Wort „Misserfolg" aus Ihrem Wortschatz. Ersetzen Sie es durch das Wort „Ergebnis". Und schon ist es einfach, sich in die Positivspirale zu begeben.

Das Einklinken in die Positivspirale unterliegt übrigens einfachen Grundregeln. Wir gehen einfach einmal davon aus, dass auch Sie

1. eine neue Aufgabe mit hoher Erwartung beginnen, mit Herzblut und einem unbeirrbaren Erfolgsgedanken. Nehmen wir an, Sie sind sich absolut sicher, dass Sie mit dem, was Sie sich vorstellen, Erfolg haben werden. Wenn Sie mit dieser Einstellung nunmehr ans Werk gehen,

2. wie viele Ihrer Potenziale und Ressourcen werden Sie dann freisetzen? Wahrscheinlich einen sehr großen Teil. Werden Sie nun halbherzig oder zögernd an die Sache herangehen? Mit Sicherheit nicht. Sie werden

3. voller Energie und mit Power Ihre Aufgabe beginnen. Sie werden gespannt und neugierig auf das Ergebnis sein. Sie werden alles Mögliche tun, um Ihre Ziele zu erreichen – und

4. welche Ergebnisse werden Sie bei so viel Engagement voraussichtlich erzielen? Wahrscheinlich ziemlich gute.

All das wirkt sich auf das aus, was Sie glauben. Das heißt, Erfolg zieht Erfolg nach sich. Sie werden auch in Zukunft daran glauben, Großes erreichen zu können. Sie sind in der Positivspirale. Ihr Erfolg wird Ihnen weitere Erfolge bringen. Und jeder neue Erfolg wird Sie in Ihrem Glauben bestärken und zu noch größeren Aufgaben ermutigen. Natürlich sind Ihre Einstellung und Ihr Glaube an den Erfolg keine Garantie dafür, dass Sie von nun an nur noch Erfolg haben werden. Alle positiven Glaubenssätze und motivierende Einstellung schaffen es nicht, ungetrübten Erfolg auf Dauer zu garantieren. Das wäre eine Illusion. Doch Menschen mit fördernden Glaubenssätzen und positiver Einstellung haben immer wieder von neuem begonnen. Sie haben immer wieder genügend Potenziale und Ressourcen freigesetzt, um schließlich zum Erfolg zu gelangen. Auch solche Menschen erleiden Rückschläge, aber sie lassen sich durch diese nicht entmutigen, sondern sehen sie als Herausforderung, neue Erfolge zu erzielen. Diese Menschen sind nicht auf Probleme fixiert, sie haben ihr Augenmerk auf ihre Ziele gerichtet. Erfolgreiche Menschen stehen immer einmal mehr auf als nicht erfolgreiche. Als Führungskraft ist es Ihre Aufgabe, nach einer Niederlage die Mitarbeiter erneut zu motivieren, den Glauben an die Erreichung des Zieles wieder herzustellen, Hilfestellungen bei neuen Ideen zur Zielerreichung zu liefern.

Es ist also nicht eine Frage der Aufgabe oder des Handelns, es beginnt immer mit Ihrem Glauben und Ihrer Einstellung zu dem, was Sie tun. Hier nochmals die Stufen dieses Erfolgskreislaufes im Überblick.

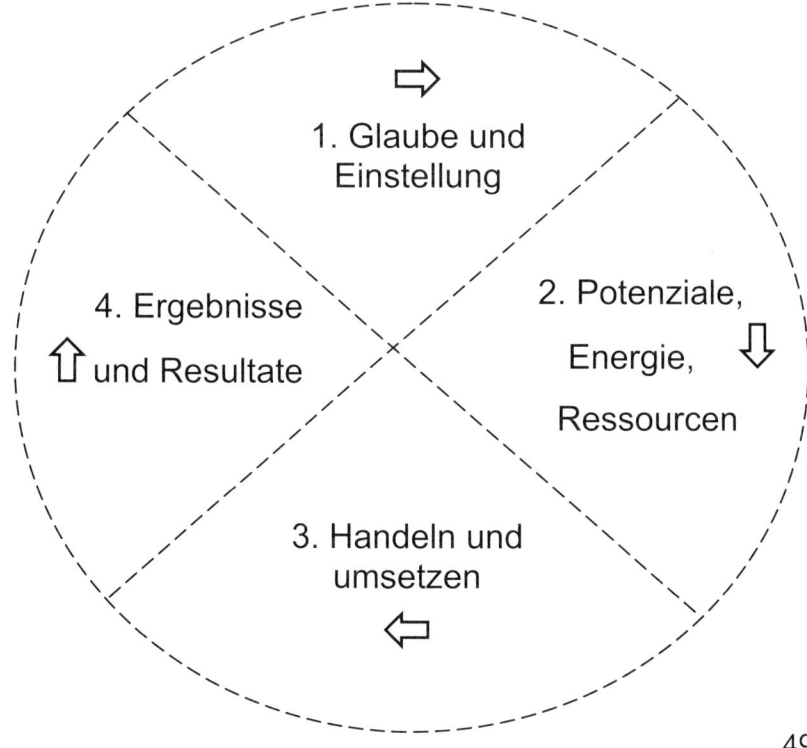

Wie Sie an diesem Beispiel sehen, lohnt es sich, seine Glaubenssätze immer wieder zu überdenken, um sich in eine positive Erfolgsspirale einzuklinken. Hierzu nun einige Tipps. Prüfen Sie das, woran Sie glauben, indem Sie sich folgende Fragen stellen und diese mit positiven Werten und Glaubenssätzen beantworten.

- Was ist mir wichtig?
- Welche Werte vertrete ich?
- Was will ich auf dieser Welt?
- Was macht mir Spaß?
- Wo, wann und wie fühle ich mich wohl?
- Wie sehe ich mich?
- Was will ich im Leben erreichen (materiell/immateriell)?
- Welche Erinnerungen an mich sollen einmal zurückbleiben?
- Was motiviert mich?
- Was aktiviert/reizt mich?
- Will ich das, was ich tue? Tue ich das, was ich will?
- Warum bin ich Führungskraft geworden und habe damit auch die Verantwortung für andere mit übernommen?

Nehmen Sie diese Fragen als Hilfe, um sich Ihre Werte und Glaubenssätze bewusst zu machen.

✎ Übung

Nehmen Sie sich Zeit und notieren Sie Ihre Gedanken in Ihrem persönlichen Strategieheft. Formulieren Sie die Antworten als positive Werte und Glaubenssätze, die Ihnen helfen sollen, den von Ihnen gewünschten Erfolg zu erreichen.

Nicht immer gibt es nur motivierende und fördernde Glaubenssätze, es kann durchaus sein, dass im Laufe Ihres Lebens eine Anzahl hemmender Glaubenssätze in Ihnen aufgebaut wurde. Prüfen Sie diese ganz speziell mit Hilfe der vorigen Fragen und formulieren Sie sie positiv um. Glauben Sie daran, dass Sie und Ihr Team das, was Sie sich vorgenommen haben, auch erreichen können. Seien Sie überzeugt davon, dass Ihre Mitarbeiter ihr Bestes geben.

Die Welt ist voll von Beispielen, wie Leute aufgrund ihrer Einstellung und ihrer Überzeugungen erfolgreich wurden. Das Fatale daran ist jedoch, dass der Kreislauf auch umgekehrt funktioniert. Es gibt auch zahlreiche Beispiele dafür, dass Menschen bereits morgens beim Aufstehen wissen, dass der Tag schlecht verläuft – und siehe da, er wird wirklich schrecklich. Gedanken haben die unangenehme Angewohnheit, wahr zu werden.

Nutzen Sie Ihre Glaubenssätze und die Macht Ihrer Einstellung, um alle Ressourcen, Energien und Potenziale zu aktivieren, damit Sie Ihre Ziele erreichen.

Glauben Sie an Ihre Führungsfähigkeiten und an die Fähigkeiten Ihres Teams!

Lassen Sie uns einmal die Nützlichkeit von fördernden Glaubenssätzen betrachten. Fördernde Glaubenssätze sind einfache, motivierende Glaubenssätze, die Sie Ihrem Ziel näher bringen. Wie finden Sie diese Glaubenssätze? Um sich diese bewusst zu machen, führen Sie bitte folgende Übung durch:

✍ Übung

Nehmen Sie Ihr persönliches Strategieheft und notieren Sie in Stichworten fünf Ihrer bisherigen beruflichen Erfolge, auf die Sie stolz sind. Was Sie jetzt notiert haben, ist die Auswirkung eines Vorgangs, bei dem Sie Ihre inneren Stärken, Ihre Potenziale eingebracht haben. Im nächsten Schritt notieren Sie die Stärken, von denen Sie glauben, dass sie für diese Erfolge wichtig waren: Stärken, die Sie besitzen und eingesetzt haben, um diese Erfolge zu erzielen. Schauen Sie sich die Ursachen Ihrer Erfolge an, dies sind Ihre ganz persönlichen Stärken, nicht „die Umstände" und nicht das „Wohlwollen" anderer. Notieren Sie zu jedem Erfolg mindestens drei Ihrer eigenen Stärken. Hören Sie nicht auf, bevor Sie nicht mindestens jeweils drei dieser Stärken gefunden haben. Vielleicht stellen Sie fest, dass bei manchen dieser Erfolge ein paar Ihrer Stärken wiederkehrend beteiligt waren. Notieren Sie diese dennoch. Lesen Sie nun Ihre Liste nochmals durch und beobachten Sie, wie Sie sich dabei fühlen.

Stärken sind in Ihnen verankert, sie stehen Ihnen jederzeit zur Verfügung, Sie können sie jederzeit aktivieren. Oftmals sind diese Stärken jedoch unbewusst abgelegt und wir nutzen Sie nicht genügend.

Warum ist es gut, mit fördernden Glaubensgrundsätzen und Ihren Stärken sowie der Stärken Ihrer Mitarbeiter zu arbeiten? Sie dienen dazu, abgespeicherte positive Erfahrungen zur eigenen Motivation wieder zu wecken, also wieder aufzurufen. Hervorzuheben an dieser Motivationsübung ist die Tatsache, dass sie nicht durch äußere Einflüsse, sondern aus eigenen Erfahrungen und angesammelten Erfahrungswerten heraus motiviert. Sie können sich und Ihr Team damit in einen guten, positiven Zustand versetzen. Das fällt ganz leicht, indem Sie diese Stärken wieder und wieder aufrufen. Ganz besonders in schwierigen Zeiten ist dies wichtig. Denn dann erinnern wir uns vor allem an die Fehlschläge und die nicht erreichten Ziele. Es könnte zu negativen Überzeugungen kommen. Deshalb gilt es, sich gerade in schwierigen Zeiten seiner Stärken bewusst zu sein.

Sobald Sie die Stärken festgestellt haben, gibt es viele Möglichkeiten, diese zur Motivation und zum erfolgreichen Arbeiten einzusetzen, indem jeder sich selbst eine eigene kleine Motivationsrede schreibt. Man ergänzt einfach folgenden Anfang des Motivationssatzes: „Ich werde heute erfolgreich sein, weil ich ...“ mit den persönlichen Stärken. Benutzen Sie hier die Stärken, die Sie in der vorigen Übung herausgearbeitet haben. Nehmen Sie diesen Satz dann, um sich täglich zu motivieren. Lesen Sie ebenso Ihre Glaubenssätze und denken Sie sich zusätzlich Ihre Stärken zur Motivation. All dies wirkt auf Sie positiv über Ihr Unterbewusstsein und wird Sie in einen guten, schöpferischen Zustand versetzen, so dass Sie sich dementsprechend auch aktiv verhalten werden. Wichtig ist, dass Sie diese Übung nur für sich machen. Es geht ausschließlich darum, sich selbst (bzw. Ihr Team) in einen ressourcenvollen Zustand zu versetzen. Der Glaube an sich selbst und Ihre bewusst gemachten Stärken werden Ihnen helfen, eine inspirierende Führungskraft zu sein.

Wie Sie Ihre Überzeugungen und Werte langfristig nutzen können

In allen Berufen und Bereichen gibt es kleinere und größere Schwierigkeiten. Wenn der erste Schwung nach einiger Zeit aufgebraucht ist sowie Herausforderungen und neue Probleme auf einen zukommen, ist es sicher gut, wenn man weiß, wie man seine Stärken und seine Glaubenssätze zur kurzfristigen Motivation einsetzen kann. Oftmals reicht dies aber nicht aus, wenn man eine langfristige Konzeption verfolgt, die möglicherweise einige Jahre braucht, bis sie erfolgreich wird. Ganz gleich, in welchem Bereich Sie arbeiten: Es kann ein langer Weg werden, der sowohl Engagement, viel Geduld, einen hohen Grad an Vertrauen sowie viel Toleranz und Durchhaltevermögen erfordert. Wie kann man die kurzfristige Motivation durch

Stärken und Glaubenssätze so einsetzen, dass sie auch langfristig wirksam ist? Dies ist möglich, indem Sie sich eine eigene, persönliche Glaubensrede schreiben. Glaubenssätze, die mit Ihrer Wertvorstellung verbunden sind, in einen für Sie wichtigen, positiven Kontext bringen. Wie kann Ihre persönliche Überzeugungsrede aussehen?

✎ Übung

Nehmen Sie wieder ein leeres Blatt in Ihrem persönlichen Strategieheft und überlegen Sie sich Antworten zu den nachfolgenden Fragen, notieren Sie diese und formulieren Sie daraus Ihre persönliche Überzeugungsrede:

- Was und wie will ich werden?
- Was sollen meine Mitarbeiter über mich sagen?
- Was ist mein Ziel?
- Was sind die Stärken in meinem Leben?
- Was erwarte ich von meinem Handeln?
- Was ist mir wichtig daran?
- Was muss passieren, dass ich das Gefühl habe, es erreichen zu können?
- Was werde ich konkret dafür tun?

Fragen Sie sich außerdem:

- Was bringt es mir?
- Was nutzt es mir?

Erstellen Sie nun aus diesen Antworten und aus Antworten auf sonstige Fragen, die für Sie wichtig sind, Ihre persönliche Überzeugungsrede. Schreiben Sie diese nieder, lesen und sagen Sie sie so oft wie möglich. Nutzen Sie die motivierende Kraft Ihres Glaubens auf Ihrem Weg zum Erfolg.

Kurz zusammengefasst

- Realität ist das, was Sie sich selbst schaffen. Erschaffen Sie sich „Ihre lebenswerte" Welt.
- Erstellen Sie sich eine Liste Ihrer positiven Werte und motivierenden Glaubenssätze. Lesen Sie diese täglich.
- Glauben Sie an Ihren Erfolg. Klinken Sie sich mit Engagement und voller Energie in die „Positivspirale" ein.
- Aktivieren Sie alle Ihre Potenziale durch Ihren Glauben an sich, die richtige Einstellung und entschlossenes Handeln.
- Machen Sie sich Ihre Stärken bewusst.
- Setzen Sie diese Stärken auch ein, um schwierige Situationen zu meistern.
- Schreiben Sie Ihre eigene Motivationsrede und lesen Sie diese regelmäßig.
- Erstellen Sie sich Ihre persönliche Motivations- und Glaubensrede und handeln Sie danach.

Meine wichtigsten Erkenntnisse:

_____

_____

_____

So setze ich das Gelesene konkret um:

_____

_____

_____

Kapitel 3:
„Der Zaubertrank": Zustandsmanagement

Erfolg hängt mit unseren Gedanken zusammen. Das haben wir bereits ausführlich beschrieben. Aber was bewirken Gedanken noch? Wie funktioniert denn nun der Biocomputer? Gedanken sind nicht einfach nur Gedanken. Viele Menschen haben schnell eine Entschuldigung zur Hand, indem sie sagen: „Das war nicht so gemeint, das war ja nur so ein Gedanke." Aber Gedanken sind mehr. Sie sind quasi Aufträge an unser Unterbewusstsein. Sie entlocken ihm einerseits Informationen und andererseits werden die Gedanken als Erfahrungen abgelegt und können jederzeit wieder aufgerufen werden. Sie sind deshalb ein wichtiger Faktor für Erfolge von morgen. Doch wie funktioniert dieses hoch komplizierte Unterbewusstsein? Wir wollen versuchen, auf einfache Weise, ohne große wissenschaftliche Ausführungen, das Arbeitsprinzip des Unterbewusstseins zu verdeutlichen.

Dabei bedienen wir uns eines einfachen Vergleiches. Lassen Sie uns das Unterbewusstsein mit einem Computer vergleichen, da dieser ähnlich funktioniert. Ein Computerprogramm kann nur mit Plus oder Minus bzw. Strom oder kein Strom programmiert werden. Ähnlich ist es mit unserem Unterbewusstsein. Gehen wir einmal die Geschichte unseres Lebens gemeinsam durch.

1. Schritt – die Grundprogrammierung: das Startprogramm
Das Grundprogramm des Computers ist notwendig, damit beim Einschalten des PCs überhaupt ein Betriebssystem geladen werden kann. Die Grundprogrammierung, d.h. das Startprogramm, beginnt beim Menschen mit seiner Befruchtung. Bereits bei der Befruchtung sind alle Erbanlagen in der DNS vorgegeben wie Haarfarbe, Augenfarbe usw. Nennen wir es einfach die Grundausstattung.

2. Schritt – das Betriebssystem

Zum Beispiel: Windows 7, Mac OS X, Linux; diese Betriebssysteme sind beim Computer eine mögliche Arbeitsoberfläche und dienen als Basis für weiteres Arbeiten mit dem PC. Der vergleichbar nächste Schritt beim Menschen ist die Zeit des Heranwachsens im Mutterleib. Bereits hier erfolgen die ersten „Nachprogrammierungen". Wenn Sie sich vorstellen, dass es in diesem Programm immer nur zwei Pole gibt, dann empfindet das Ungeborene Freude der Mutter als Plus, aber Angst und Ärger der Mutter als Minus.

3. Schritt – Benutzer-Anwendungsprogramm

Ein Anwenderprogramm wie Word, PowerPoint oder Excel verhilft dem Computer zum Leben. In diesen Programmen können einzelne Dateien erstellt und abgelegt werden. Ähnlich beim Menschen – sobald wir geboren werden, wird unsere Programmierungsmöglichkeit um fünf Sinne erweitert: sehen, hören, fühlen, riechen und schmecken. Jetzt machen wir Erfahrungen und legen diese im Unterbewusstsein ab. Da jede Erfahrung von uns vorab bewertet wird, landen die Erfahrungen entweder im Plus, also als positive Erfahrung, oder im Minus, also als negative Erfahrung.

Die Chance, die wir aus diesen Erkenntnissen wahrnehmen können, heißt Re-Stimulans: über eine Wahrnehmung von außen über die Sinne. Unser „Computer Unterbewusstsein" sucht und vergleicht nun die „Dateien", die in unserem Unterbewusstsein vorhanden sind, ob Ähnliches abgespeichert ist und holt diese ins Bewusstsein. So verfährt ein Computer, wenn er die gesuchte Datei gefunden hat – sie erscheint auf dem Bildschirm. So können wir nun etwas sehen, hören oder fühlen, was wir bereits einmal in ähnlicher Form erlebt haben. Dazu ein kleines Experiment:

1. Beispiel: Stellen Sie sich eine exotische Frucht vor. Sie sehen Sie zum allerersten Mal. Sie ist lila, hat eine Sternenform und lauter kleine grüne Noppen auf der Oberfläche. Überlegen Sie, was Sie fühlen. Wahrscheinlich nichts, da Ihnen die Frucht nicht bekannt ist. Eventuell erweckt die Frucht Ihr Interesse, aber ein vergleichbares Gefühl wird sich nicht einstellen. Beim Computer wäre dies ähnlich, er würde nach einer Datei suchen, sie aber nicht finden und somit nichts auf dem Bildschirm anzeigen.

2. Beispiel: Diesmal stellen Sie sich bitte eine Zitrone vor. Stellen Sie sich weiter vor, Sie schneiden die Zitrone in acht kleine Segmente. Beim Schneiden läuft der saure Zitronensaft über den Teller. Nun nehmen Sie in Gedanken Stück für Stück dieser saftigen, gelbgrünen Zitrone und beißen in das saftige Fleisch. Stellen Sie sich vor, dass der Saft sogar an Ihren Mundwinkeln herunterläuft. Was fühlen bzw. schmecken Sie jetzt? Den meisten wird das Wasser im Munde zusammenlaufen.

3. Beispiel: Bevor Sie weiterlesen, gehen Sie bitte an Ihren CD-Player und nehmen Sie eine Ihrer Lieblings-CDs. Eine, zu der Sie früher schon gerne getanzt haben oder die einmal Ihre Lieblingsmusik im Urlaub war. Lauschen Sie in gemütlicher Atmosphäre dieser Musik. Was passiert? Werden Erinnerungen wach, sehen Sie Bilder, stellen sich vielleicht Gefühle von damals wieder ein? Möglicherweise haben Sie noch einen passenden Duft in der Nase oder einen Geschmack auf der Zunge.

All diese Vorgänge liefen bei Ihnen unbewusst ab. Das erste Beispiel soll uns nicht weiter interessieren, da wir dafür keine unbewusste Vergleichsmöglichkeit hatten. Lassen Sie uns das zweite und dritte Beispiel anschauen. Was unterscheidet diese Beispiele wesentlich? Man könnte sagen, dass die Zitrone sauer und die Musik süß erschien, aber dieser Unterschied allein ist nicht gemeint. Denken Sie noch einen Moment darüber nach, was den wesentlichen Unterschied ausmacht. Die Antwort lautet: Der Unterschied liegt darin, dass Sie beim Hören der Musik über das Ohr stimuliert wurden. Sie haben etwas gehört. Die Musik war real. Aufgrund der Musik wurden in Ihnen Bilder und Gefühle ausgelöst. Aber wie war es bei der Zitrone? Sie war nicht real vorhanden – es war nur eine Beschreibung. Wahrscheinlich sind Sie nicht in die Küche gegangen, um sich wirklich eine Zitrone aufzuschneiden und hineinzubeißen; vielmehr ist die Wirkung alleine durch die Vorstellung bei Ihnen entstanden. Obwohl die Zitrone nicht real war, lief Ihnen dennoch das Wasser im Mund zusammen. Eine körperliche Reaktion, die Sie nicht gesteuert haben nur weil Sie an eine Zitrone *dachten*! Welche Erkenntnis kann man daraus ziehen?

Unser Unterbewusstsein kann nicht unterscheiden zwischen Wirklichkeit und unserer Vorstellung. Es reagiert in jedem Fall, als wäre es Realität.

Gedanken haben die unangenehme Eigenschaft wahr werden zu wollen

Die Macht der Gedanken ist nichts Neues. 1890 war es der Pionier Patrice Mulford, der bereits in einem seiner Werke feststellte, dass unsere Gedanken unser Schicksal werden können, im Guten wie im Schlechten. In diesem Jahrhundert war der Wissenschaftler Dr. Joseph Murphy einer der größten Verfechter des positiven Denkens. Zur gleichen Zeit schreibt der deutsche Philosoph Dr. Hans Enders: „Verbinde nie ein negatives Wort mit den Worten ‚Ich bin...'." Denken Sie positiv. Erteilen Sie sich selbst immer wieder den Auftrag, positiv zu denken.
Wenn also unser Unterbewusstsein nicht zwischen Realität und Gedanken unterscheiden kann, dann ist es wichtig, dass wir unser Un-

terbewusstsein mit positiven Gedanken füttern, d. h. möglichst viele Plus in diesem „Computer Unterbewusstsein" abspeichern. Denke positiv und du wirst positiv. Diese Gedanken sind deshalb wichtig, weil Positives im Unterbewusstsein mit Plus abgelegt wird und das Unterbewusstsein in diesem Moment nicht unterscheiden kann, ob es tatsächlich zutrifft oder nur ein Gedanke ist. Deshalb nochmals: Unser Denken ist nichts anderes, als durch Gedanken Aufträge an das Unterbewusstsein zu erteilen, um ihm Informationen zu geben oder zu entlocken. Gedanken sind Aufträge an das Unterbewusstsein. *Gedanken sind nicht nur irgendwelche Gedanken, sondern sie sind in uns wirkende Kräfte.* Kräfte, die mitteln zwischen Bewusstsein und Unterbewusstsein. Seien Sie daher Auftraggeber an Ihre Gedanken, Steuermann Ihrer Gedanken und Gefühle, denken Sie positiv. Positives Denken heißt nicht, die Welt durch eine rosarote Brille zu betrachten. Probleme wird es immer geben. Aber vielleicht sollten wir Probleme als Chancen sehen. Probleme sind Chancen im Arbeitskittel. Positives Denken bedeutet aus unserer Sicht nicht, Probleme zu verneinen, sondern an die Lösung der Probleme zu glauben. An die eigene Kraft zu glauben, diese Probleme aus der Welt zu schaffen. Probleme sind dazu da, gelöst zu werden. Positives Denken hilft uns ins Handeln zu kommen und vermeidet, dass wir resignieren.

Vielleicht fragen Sie sich an dieser Stelle, was das Thema eigentlich mit Führung und Führungsqualitäten zu tun hat. Und es stimmt, das Thema hat nicht direkt mit der Führung anderer Menschen zu tun. Es geht hierbei darum, sich selbst zu führen. Wie müssen wir uns „programmieren", damit wir den Herausforderungen der heutigen Zeit gewachsen sind? Als Führungskraft sind Sie mehr als andere mit Problemen beschäftigt. Die Geschäftsleitung verlangt von Ihnen, dass Sie Ihre Ziele erreichen. Die Mitarbeiter verlangen von Ihnen, dass Sie ihnen die Probleme aus dem Weg schaffen. Kunden erwarten von Ihnen, dass Sie ihre Probleme lösen. Als Führungskraft sind Sie immer gefordert, mit gutem Beispiel voranzugehen. Dieses Kapitel hilft Ihnen dabei, sich selbst optimal auszurichten. Bei dem ständigen Bemühen, anderen zu helfen, vergisst so manche Führungskraft, auf sich selbst zu achten. Geht es Ihnen auch so? Dann bedenken Sie: Je besser Sie sich auf „Erfolg" programmieren können, desto erfolgreicher können Sie dies auch bei Ihren Mitarbeitern leisten.

Wie jedoch schaffen wir es, nicht zu resignieren? Leider wissen wir nicht, wie viele Minus- und Pluspunkte bereits in unserem Unterbewusstsein abgelegt sind. Auch können wir unser Unterbewusstsein (wie eine Festplatte) nicht einfach mal löschen. Das Einzige, was uns bleibt: möglichst viele Pluspunkte an unser Unterbewusstsein weitergeben. Denn die meisten Menschen – so zeigt die Erfahrung – haben im Laufe ihres Lebens einen Überhang an Minus-Erlebnissen gesammelt. Wenn wir zulassen, dass unser Handeln von negativen Erfahrungen geprägt wird, liegt die Gefahr der Resignation nahe. Um einen Überhang an positiven Gedanken zu bekommen, muss man sich sukzessive Pluspolaritäten aneignen. Besonders erfolgreiche Menschen machen dies, indem sie sich in jeder Situation überlegen: „Wozu könnte das gut gewesen sein?" oder: „Was soll ich daraus lernen?" Selbst der unangenehmste Zeitgenosse dient dann immer noch als „Lernchance".

Unser Verhalten wird durch unseren Zustand bestimmt

Den eigenen Zustand steuern, ja bestimmen zu können, ist der Schlüssel für Veränderungen und Erfolg. Wer dann auch noch den Zustand und die Befindlichkeit anderer Menschen zu ändern in der Lage ist, hält auch den zweiten Schlüssel des Führungserfolgs in der

Hand. Warum das so extrem wichtig ist und wie es funktioniert, möchten wir Ihnen nachfolgend beschreiben.

Es gibt Tage, da scheint alles, was man in die Hand nimmt, zu gelingen. Und dann wieder gibt es Tage, da gelingt nichts. Aber wir sind doch ein und dieselbe Person, mit denselben Ressourcen und Potenzialen. Warum gibt es diese Unterschiede? An einem Tag können wir geduldig mit unseren Mitarbeitern erarbeiten, wo die Ursache des Fehlers lag – und an anderen Tagen ärgern wir uns dermaßen, dass wir vorwurfsvoll eine Erklärung verlangen. Womit hängen diese unterschiedlichen Reaktionen zusammen? An unseren erlernten Fähigkeiten kann es nicht liegen, da wir ja an einem Tag bewiesen haben, dass wir die Fähigkeit besitzen. Die Antwort liegt in den verschiedenen neuro-physiologischen Zuständen, in denen wir uns befinden. Es gibt (Gefühls-)Zustände, Befindlichkeiten, die uns beflügeln, zum Beispiel Erfolg, Freude, Begeisterung, Liebe, Vertrauen, Sicherheit. Und es gibt Zustände, die uns lähmen, etwa Frust, Angst, Trauer, Unsicherheit und Ärger. Und so sind diese Zustände manchmal nützlich für unser Ziel – aber manches Mal auch hinderlich. Mitarbeiter, die sich in dem Zustand der Angst befinden – weil sie zum Beispiel Angst um ihren Arbeitsplatz haben – verfügen über weniger Energie und Kraft, sich auf die Erreichung Ihrer Ziele zu konzentrieren. Dadurch fällt unter Umständen die Leistung noch mehr ab und der Arbeitsplatz ist gefährdeter denn je. Sie befinden sich in einer Negativspirale. Ursache ist jedoch der *Zustand* der „Arbeitsplatz-Angst". Diese Angst kann begründet oder unbegründet sein, für das Leistungsniveau ist das zunächst unerheblich, da für diese Menschen die Angst real ist. Es ist auch sinnlos, berechtigte Ängste zu negieren; vielmehr geht es darum, die Mitarbeiter (oder sich selbst) wieder handlungsfähig zu machen. Es geht darum, einen Zustand aufzubauen, der förderlich oder nützlich für die Erreichung des Zieles ist. In dem beschriebenen Beispiel vielleicht „Kampfgeist" oder „persönliche Überzeugung" oder „Selbstsicherheit" – was auch immer uns und anderen hilft, erfolgreich und gut zu arbeiten.

Mit diesem kleinen Beispiel möchten wir verdeutlichen, wie wichtig dieses Thema für Sie und Ihre Mitarbeiter ist. Wir haben in vielen Firmen gearbeitet, in denen Stellen abgebaut wurden. Wenn ein Unternehmen plante, 5 Prozent der Stellen abzubauen, hatten schlagartig mindestens 50 Prozent der Beschäftigen Angst um ihren Arbeitsplatz. Die Bedeutung dieser Zahl für die Produktivität liegt auf der Hand. Als Führungskraft ist es Ihre Aufgabe, sich dessen bewusst zu sein und Ihr Team in „fördernde Zustände" zu versetzen.

Der Schlüssel für den richtigen Umgang mit uns selbst und anderen liegt also in unserem Umgang mit unseren Zuständen oder, anders ausgedrückt, unserer Befindlichkeit. Warum jemand in einen negativ geprägten Zustand kommt, hängt wiederum mit seinen Gedanken zusammen. Es sind nicht die Ereignisse, die passieren. Es ist die Wertung, die den Dingen gegeben wird. Was und wie es gesehen wird. Die Vorstellung und die Erkenntnisse, die ein Leben lang gemacht wurden. Es sind Erinnerungen, die wie Programme in jedem abgelegt sind. Wenn zum Beispiel Eltern immer übermäßig besorgt waren oder jemand ein solches Verhalten bei anderen Personen täglich miterlebte, kann oder wird es so sein, dass auch er sich oftmals übermäßige und unnötige Sorgen macht. Das liegt einfach daran, dass er nur dieses Verhalten kennt. Wenn Eltern oder andere Bezugspersonen immer misstrauisch waren, wurde wahrscheinlich diese Eigenart, diese Verhaltensweise abgespeichert.

Doch wodurch entstehen Zustände und was bewirken sie? Wie wird ein Zustand, in dem sich jemand jeweils befindet, aufgerufen? Zum einen entsteht er durch die innere Kommunikation und zum anderen durch den Körperzustand, wie zum Beispiel Haltung, Atmung und Muskelspannung. Noch ein kleines Experiment: Stellen Sie sich vor ihr Partner kommt um einiges später nach Hause. Sie haben von Kindheit an erlebt, dass, wenn jemand zu spät nach Hause kommt, man sich Sorgen machen muss, weil ja etwas Schreckliches passiert sein könnte. Sie befinden sich somit in einem Zustand der Besorgnis. Dieser Zustand wird Ihr Verhalten bestimmen. Sie werden nervös, spielen mit dem Gedanken, Polizei und Krankenhäuser anzurufen, können sich nicht mehr auf das konzentrieren, was Sie gerade tun. Dann endlich – Ihr Partner kommt nach Hause. Jetzt ist Ihr Zustand ein Zustand der Erleichterung. Ihr Verhalten ist dementsprechend gelöst, die Anspannung verschwindet aus Ihrem Körper und ein Gefühl der Wiedersehensfreude macht sich breit. Nehmen wir jetzt die gleiche Ausgangssituation: Ihr Partner kommt um einiges später nach Hause. Sie allerdings haben früher mitbekommen, dass man misstrauisch sein muss, wenn jemand unentschuldigt später kommt. Es könnte ja sein, dass man betrogen wird. Sie befinden sich in einem Zustand des Misstrauens. Jetzt sieht Ihr Verhalten anders aus, Sie ärgern sich, Sie stellen sich vor, was er oder sie gerade tut und überlegen sich, was sie sagen werden, um die Wahrheit zu erfahren, wenn Ihr Partner zurückkommt. Dann endlich, Ihr Partner kommt nach Hause. Wie ist Ihr Zustand jetzt? Er ist nach wie vor angespannt. Sie möchten sich jedoch nichts anmerken lassen und fragen: „Na, wo kommst du denn her?" und Ihr Partner hört sofort den angespannten Unterton heraus. Das liegt daran, dass Ihr Zustand immer noch Misstrauen ist und dieser Zustand Ihr Verhalten steuert. Dies geschieht durch Ihre innere Kommunikation, die Befürchtungen, die in Ihnen Bilder erzeugten. Alles, was sie dachten und zu sich selbst sagten, hatte auf Ihren Zustand eine bestimmte Wirkung.

Unter innerer Kommunikation verstehen wir all das, was wir uns an inneren Bildern vorstellen, wie wir es uns vorstellen, was wir innerlich sagen, hören und wie wir es sagen und hören. Diese Bilder und Worte wirken auf unseren Zustand und wenn Sie sich in die Situation hineinversetzen, werden Sie feststellen, dass auch Ihr Körper sehr angespannt ist, die Atmung kurzatmig wird sowie Blutzirkulation und Adrenalinzufuhr gesteigert sind. Diese physiologischen Vorgänge wirken wiederum auf unseren inneren Zustand, und diese Zustände steuern letztlich unser Verhalten. *Der Zustand ist verantwortlich für das, was wir sagen und tun, also dafür wie wir uns nach außen verhalten.*

Nicht nur unsere Vorstellung bringt uns in einen Körperzustand, es funktioniert auch umgekehrt: Unsere Körperhaltung und unsere körperliche Befindlichkeit bringen uns auch innere Bilder und Worte. Stellen Sie sich vor, Sie sind körperlich verkrampft, Sie sind müde, Ihr Körper schmerzt, vielleicht ist Ihr Blutzuckerspiegel niedrig und Sie sollen nun ein wichtiges Mitarbeitergespräch führen. Wie wird dieses Gespräch verlaufen, wie wird Ihr Verhalten sein – sofern Sie den Termin nicht verlegen? Ganz anders dann, wenn Sie energiegeladen, fit und ausgeruht ins Gespräch gehen. Wie werden Sie sich jetzt verhalten? Auch unser Körperbefinden wirkt auf unseren Zustand und erzeugt dementsprechend positive oder negative Bilder, die wiederum den Zustand beeinflussen. Zustände entstehen nicht von ungefähr, sondern sind Modelle und Programme, die über die Jahre in unserem Unterbewusstsein abgespeichert wurden, Modelle, die wir von unseren Eltern oder Mitmenschen übernommen haben, Programme, die wir durch das Lesen von Büchern und das Betrachten von Film und Fernsehen in uns unbewusst angelegt haben. Wer also mit sich selbst richtig umgehen will, muss lernen, bewusst seine Zustände zu steuern – Zustände zu erzeugen, die hilfreich und fördernd sind.

Was können Sie tun, um sich innerhalb von Sekunden in fördernde Zustände zu bringen? Zunächst einmal ist es wichtig, dass Sie sich bewusst machen, dass nicht die Umstände für Ihren momentanen Zustand verantwortlich sind, sondern Sie selbst. Wenn Sie selbst die Verantwortung für Ihren Zustand übernehmen (und nicht mehr das schlechte Wetter oder der Stau auf der Autobahn), dann haben Sie auch die Macht etwas zu ändern. Das ist der wichtigste Schritt. Wenn Sie diesen für sich akzeptiert haben, ist der schnellste Weg, aus einem schlechten Zustand herauszukommen, die Körperhaltung zu verändern. Strecken Sie sich. Atmen Sie tief durch. Setzen oder stellen Sie sich gerade hin, blicken Sie nach oben. Sie werden feststellen: In aufrechter Haltung ist es ganz schön schwer, im Zustand der schlechten Laune zu bleiben. Dies ist zwar der schnellste Weg, leider hält der Zustand nur so lange, wie Sie ihn bewusst halten. Nachhaltig wirkungsvoll können Sie Ihren Zustand verändern, indem Sie Ihren Fokus und Ihre Bewertungen der Ereignisse ändern. *Konzentrieren Sie sich auf das, was Sie wollen – und nicht darauf, was Sie nicht wollen.* Schaffen Sie sich Bilder und Worte von dem, was Sie haben möchten. Richten Sie Ihren Fokus auf die Möglichkeiten und auf die Lösungen, nicht auf die Schwierigkeiten. Welche positiven Aspekte hat das Problem? Welche Chancen tun sich aufgrund des Problems auf einmal auf, die vorher nicht da waren? Was lernen Sie aus dieser Situation? Wie können Sie aus der Situation einen positiven Nutzen ziehen? Wenn das alles nicht zutrifft, fragen Sie sich einfach, ändert sich eigentlich etwas (zum Beispiel an dem Stau), wenn ich mich jetzt darüber ärgere? Geht es mir dadurch besser? Bin ich dadurch motivierter? Werde ich dadurch besser mit meinen Mitarbeitern umgehen? Wenn Sie keine der letzten vier Fragen mit einem „Ja" beantwortet haben, dann hören Sie auf, sich darüber zu ärgern.

Erfolgreiche Führungskräfte, Manager oder auch Eltern haben oft die Fähigkeit, Ereignisse so darzustellen, dass diese in scheinbar hoffnungslosen Situationen dennoch positive Empfangssignale ausstrahlen. Sie bringen sich und andere immer wieder in einen guten Zustand, so dass sie so lange an einer Situation arbeiten können, bis sie schließlich zum gewünschten Ziel kommen. Unser Glaube und unsere Einstellung erzeugen innere Bilder und innere Worte sowie ein gewisses Körperempfinden, das über unseren Zustand eine direkte Auswirkung auf unser Verhalten hat. *Wer eine anerkannte Führungskraft ist oder werden will, hat die Aufgabe, zuerst mit sich selbst gut umzugehen und dann genauso fördernd mit anderen Menschen zu kommunizieren.*

Aber auch unsere Mitarbeiter und Gesprächspartner befinden sich in diesem zuvor beschriebenen Prozess, d. h. es besteht die Möglichkeit, dass wir auf Menschen treffen, deren Verhalten nicht so ist, wie wir es gerne hätten, denn auch deren Verhalten wird durch ihren Zustand gesteuert. Häufig möchten wir das Verhalten unserer Mitmenschen ändern – ganz gleich, ob bei Kunden, Kollegen, Mitarbeitern oder Partnern, doch das ist unmöglich. Verhalten ändern kann nur jeder für sich. *Wir können unser Gegenüber lediglich in einen besseren Zustand versetzen, der ihn veranlasst, sein Verhalten zu ändern.*

Deshalb ist das Zustandsmanagement bei sich und anderen einer der wichtigsten Faktoren des Führens. Sie können das Verhalten der Mitarbeiter nicht ändern, aber Sie können ihnen über ihre innere Kommunikation, d. h. über Bilder und Worte, die sie für sich wählen und/oder die Sie bei ihnen erzeugen, ihre Zustände beeinflussen und somit auch auf ihr Arbeitsverhalten einwirken. Manchmal sehen wir aber nur eine Möglichkeit, eine Situation zu bewerten, und es fällt uns schwer gewissen Situationen etwas Positives abzugewinnen. Was Sie in solchen Situationen tun können, lesen Sie jetzt.

Es gibt immer mindestens drei Möglichkeiten

Wahrscheinlich kennen Sie den Ausspruch: Alles auf der Welt hat zwei Seiten. Ist Regen gut oder ist Regen schlecht? Einige finden Regen schlecht, besonders wenn sie ausgerechnet an diesem Tag frei haben. Andere wiederum finden ihn gut, weil sie dadurch am Abend nicht den Rasen sprengen müssen. Manche können sich nicht entscheiden, manche finden, dass es situationsabhängig ist – und alle haben Recht. Es kommt immer auf die Seite an, von der ich etwas sehen möchte. Doch nicht alles auf der Welt ist schwarz oder weiß, nicht alles hat nur zwei Seiten. Besser als nur hell und dunkel zu sehen, ist es, immer noch nach einer dritten Möglichkeit Ausschau zu halten, also mehrere Möglichkeiten in Betracht zu ziehen. Denn, wer nur noch eine Möglichkeit sieht, lebt im Zwang. Wer nur zwischen zwei Möglichkeiten die Auswahl hat, zum Beispiel bleiben oder gehen, der lebt in einem Dilemma. Erst ab der dritten Möglichkeit beginnt die echte Wahlfreiheit. Bewerten Sie Ihr Handeln also nicht nur mit gut oder schlecht, sondern geben Sie den jeweiligen Ereignissen unterschiedliche Bedeutungen bzw. suchen Sie immer nach verschiedenen Möglichkeiten, um Lösungen herbeizuführen. Sehen Sie so viele Bilder wie möglich, dass es Ihnen gelingen könnte, etwas zu erreichen. Spielen Sie die verschiedensten Bilder und inneren Dialoge durch, um einen positiven Zustand zu erhalten. Welche Möglichkeiten haben Sie, wenn Ihnen das nicht immer gelingt? Was tun, wenn Ihre innere Kommunikation, also Ihre inneren Bilder und Dialoge, immer wieder negativ geraten und Sie dies nicht ändern können? Geben Sie Ihren Gedanken den dafür notwendigen Anstoß. Wenn Sie etwas ändern wollen, ändern Sie Ihren Zustand oder Ihr Verhalten oder beides. Es gibt in unserer inneren Kommunikation zwei Aspekte, die wir verändern können: Wir können das ändern, was wir uns vorstellen – d. h. anstatt uns vorzustellen, was nicht geht, könnten wir uns vorstellen, was in der gegebenen Situation noch möglich ist, welche Chance und Möglichkeiten die Herausforderung bietet. Oder wir können verändern, wie wir uns etwas vorstellen.

Wir erleben etwas und messen dann der Sache ihre Bedeutung bei. Wir stellen fest, dass genau dies oder jenes geschehen ist. Wir legen es von unserem Blickwinkel aus fest. Aber es gibt viele Möglichkeiten, eine Begebenheit oder ein Ereignis zu beurteilen. Wir werten Erfahrungen oft so, wie wir sie früher schon einmal wahrgenommen haben. Jeder nimmt seine Erlebnisse auf seine eigene, kreative Art wahr. Deshalb möchten wir diesen Vorgang in vier einfache Schritte unterteilen:

1. Schritt – Wenn wir etwas negativ sehen, haben wir
2. Schritt – negative Gedanken, die uns Energie rauben und somit
3. Schritt – in einen negativen Zustand bringen, so dass wir uns
4. Schritt – hindernd verhalten.

Dies gilt auch in der Umkehrung:

1. Wenn wir etwas positiv sehen, dann bringt uns das
2. fördernde Gedanken, die uns Kraft geben und uns in einen
3. guten Zustand versetzen, in dem wir uns
4. nutzbringend oder engagiert verhalten.

Zustände werden über unser Gehirn erzeugt, indem wir uns Bilder vorstellen oder Worte bzw. Sätze sagen und somit unsere Wahrnehmungen zur Tatsache werden lassen. Doch wie kann ich negativ abgelegte Tatsachen ändern? Indem ich meinen Bezugsrahmen oder die Perspektive ändere. Verhaltensänderung ist dadurch möglich, dass wir durch Ändern von Worten und Bildern unseren Zustand korrigieren können, der unser Verhalten beeinflusst. Durch die Zuordnung einer neuen Bedeutung bzw. das Ändern der Perspektive geschieht dies innerhalb eines Augenblicks.

Betrachten wir zum Beispiel eine vielerorts veränderte Marktsituation. Globalisierung und Internet führen zu immer mehr Preisübersicht und Preissensibilität beim Kunden. Viele empfinden diese Situation als schlimm, grau, bedrohlich und anstrengend und trauern früheren Zeiten nach. Wie ändert man in solch einer Situation die Perspektive? Es gibt – wie immer – verschiedene Möglichkeiten: Zum einen bieten veränderte Märkte immer mehr Chancen als festgefahrene Märkte. Daraus ergibt sich die Frage: „Was muss unser Unternehmen verändern, um unter den neuen Marktgegebenheiten möglichst erfolgreich zu bleiben?" Neue Situationen sind interessant, herausfordernd, farbig, spannend, man kann viel dazulernen und ist gefordert, noch besser zu werden. Am Ende geht man dann gestärkt aus der Veränderung hervor. Eine weitere Möglichkeit ist, folgende Perspektive einzunehmen: „Schwierige Zeiten sind gut für gute Leute. Jetzt können wir beweisen, was in uns steckt. Gerade jetzt sind wir mit unserer Qualität gefragt – so lange wir uns immer für die Bedürfnisse unserer Kunden interessieren." Und und und. Wichtig ist, dass die Betrachtungsweise für *Sie* passt. Denn Sie müssen davon überzeugt sein. Sie müssen daran glauben – und Sie müssen Ihre Mitarbeiter davon überzeugen, dass Ihre Perspektive Zukunftschancen hat.

Leider gibt es viele Menschen, die (jedes) Ereignis negativ umdeuten. Und es ist natürlich gut, auf schwierige Situationen vorbereitet zu sein, das streitet niemand ab. Doch es darf nicht dahin ausarten, nur noch in Problemen zu denken. *Denn für jedes Verhalten, das uns stört und für jede Einstellung, die uns hindert, gibt es die Möglichkeit, diese wirkungsvoll umzudeuten, die Perspektive zu ändern.* Vielleicht gibt es Dinge, die Ihnen nicht gefallen, dann ändern Sie sie. Gegebenenfalls erreichen Sie nicht das von Ihnen gewünschte Ergebnis, dann überprüfen Sie die Situation und unternehmen Sie etwas dagegen. Es genügt nicht, dass Sie etwas nur wollen, Sie müssen es auch kontinuierlich angehen und umsetzen.

Probleme sind Chancen im Arbeitskittel

Entscheidend für den erfolgreichen Umgang mit sich selbst und anderen ist der Umgang mit schwierigen Situationen. In guten Zeiten ist es leicht, gut dazustehen.

Wie gerade beschrieben, ist es Ihre eigene Entscheidung, ob Sie die Welt als schlecht oder gut sehen. Ein Pessimist sieht bei jeder Gelegenheit eine Schwierigkeit – ein Optimist sieht bei jeder Schwierigkeit eine Gelegenheit. Ob Sie zu den Menschen mit trauriger oder fröhlicher Haltung gehören, liegt also in Ihrer Hand. Wenn es uns gut geht, wenn unsere Einstellung stimmt, wenn wir das, was geschieht, positiv sehen – dann ist alles in Ordnung und wir müssen nichts ändern. Was aber tun, wenn dennoch Wölkchen am Horizont aufziehen, wenn ein paar kleine Probleme sich in unser Leben einschleichen, unsere Deutung der Ereignisse nicht positiv, sondern negativ ausfällt. Wie ist das zu ändern? Was können Sie ganz konkret tun? Die nachfolgende Übung besteht aus vier Schritten und verwandelt Probleme in Lösungen.

✎ Übung

1. Notieren Sie Ihre Probleme auf ein Blatt Ihres persönlichen Stra-
tegieheftes. Sammeln Sie alles, was Sie belastet, in Stichworten.
Verlagern Sie Ihre Gedanken aus dem Kopf auf das Papier und
machen Sie Ihren Kopf frei. Ziel ist es, den Kopf frei zu bekommen. Sorgen und Probleme haben die unangenehme Eigenschaft
uns permanent und im ungünstigsten Zeitpunkt zu belästigen.
Einmal zu Papier gebracht, weiß mein Unterbewusstsein, dass es
nicht mehr permanent daran denken braucht. Es wird nicht vergessen.

2. Formulieren Sie nun jedes Problem als einen Satz und schreiben
Sie ihn nieder. Sie werden feststellen, dass sich Ihr Problem bereits mit dem Formulieren verändert hat, es erscheint meist nicht
mehr allzu schwer. Das Problem auf einer Seite beschreiben ist
leicht. Es in einem Satz zu formulieren, bedeutet es auf den Punkt
zu bringen. Nicht mit vielen Worten zu umschreiben. Einmal auf
den Punkt gebracht, liegt die Lösung meist nicht mehr fern.

3. Dieser Teil ist der kreativste: Stellen Sie sich vor, Ihr
Freund/Freundin käme mit einem solchen Problem – was würden
Sie empfehlen? Überlegen Sie, welche Lösungsmöglichkeiten es
geben könnte. Bei Freunden und Bekannten sind wir schnell mit
Lösungsvarianten zur Hand, wenn wir um Hilfe gebeten werden.
Doch bei uns selbst ist es oft so, dass wir blockiert sind, weil das
Problem uns so stark beschäftigt, dass wir nicht gleichzeitig über
Lösungen nachdenken können. Notieren Sie deshalb Ihre entspre-
chenden Lösungssätze, d. h. das umformulierte Problem unter
dem Aspekt möglicher Lösungen. Suchen Sie nach drei verschiedenen Lösungsmöglichkeiten. Denken Sie immer daran: erst mit
der dritten Variante beginnt Ihre echte Wahlfreiheit.

4. Beginnen Sie sofort mit der Umsetzung bzw. mit der Teilumset-
zung.

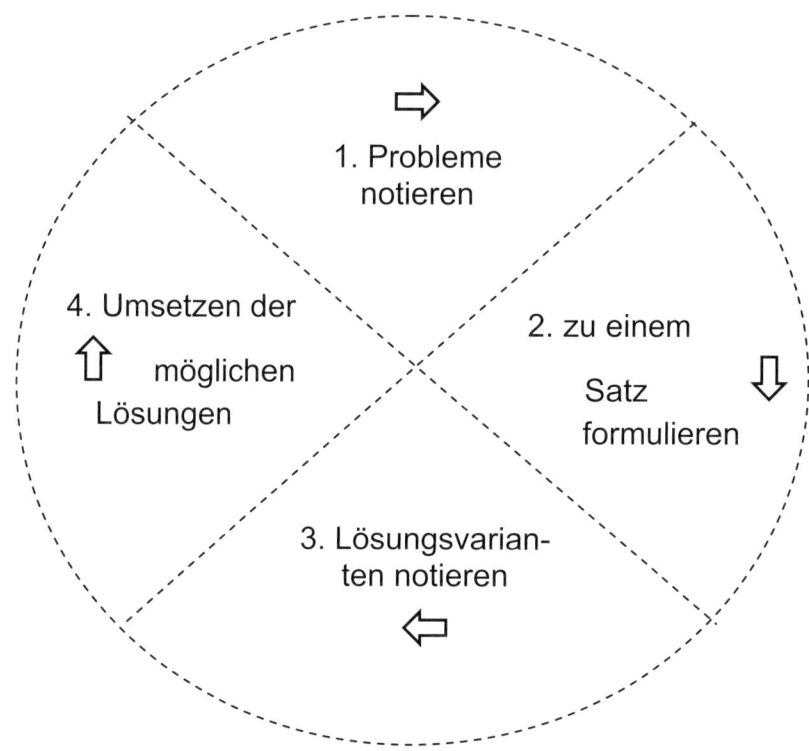

Sie werden feststellen, wie angenehm es ist, sich mit möglichen Lösungen zu beschäftigen. Die Effizienz dieser einfachen Technik liegt in der Beschäftigung mit positiven Gedanken. Wenn wir uns mögliche Lösungen innerlich vorstellen, entstehen innere Bilder dieser Möglichkeiten bzw. ein innerer Dialog der positiven Möglichkeiten. *Sie beschäftigen sich mit dem, was Sie erreichen wollen und nicht mit dem, was Ihnen missfällt.* Die Vorstellung, wie es sein soll, wirkt sich auf Ihren Zustand, Ihre Befindlichkeit aus und bestimmt somit Ihr Verhalten. Um den vierten Schritt, die Umsetzung, zu erreichen, ist es nützlich, die drei vorhergehenden Schritte vorzuschalten. Probieren Sie es und stellen Sie fest, wie einfach es geht!

Kurz zusammengefasst

- Denken Sie positiv. Schaffen Sie sich einen Überschuss an Plus-polen.
- Re-stimulieren Sie sich Ihre Erfolgserlebnisse.
- Bringen Sie sich in einen TOP-Zustand.
- Das Verhalten anderer kann man nicht ändern. Helfen Sie Ihren Mitarbeitern, einen guten Zustand zu erreichen.
- Ändern Sie Ihre inneren Bilder und Worte so lange, bis sie für Sie angenehm und motivierend sind.
- Es ist Ihre Entscheidung, wie Sie etwas sehen wollen. Entweder Sie ändern die Situation oder Ihre Einstellung dazu.
- Beschäftigen Sie sich immer mit dem, was Sie erreichen wollen – und nicht mit dem, was Sie *nicht* wollen.
- Es gibt immer mindestens drei Lösungsmöglichkeiten. Suchen Sie sie.

Meine wichtigsten Erkenntnisse:

_____

_____

So setze ich das Gelesene konkret um:

_____

_____

Kapitel 4:
Die Kunst im Umgang mit Veränderungen

„Wenn wir wollen, dass alles so bleibt, wie es ist, dann ist es nötig, dass sich alles verändert." Giuseppe Tomasi di Lampedusa

Fachliches Know-how und Spezialist auf seinem Gebiet zu sein, besser zu sein als andere hat bisher häufig dazu geführt, dass Menschen für eine Führungsposition ausgewählt wurden. Der beste Verkäufer wurde vielfach Verkaufsleiter. Der schnellste Maschinist wurde Aufseher. Sicher gibt es zahlreiche Beispiele. Doch die heutigen Anforderungen an Führungskräfte gehen weit über hohe fachliche Kompetenz hinaus. Als Führungskraft sind neben der häufig zitierten sozialen Kompetenz auch Methodenkompetenzen und Problemlösungskompetenzen gefragt. Doch wie der neuen Anforderungen gerecht werden?

Eine Vielzahl an Umsetzungsideen und Wünschen zur Verbesserung und zur Verhaltensänderung scheitert leider immer wieder an dem kleinen Sätzchen: „Ich will ja, aber..." Wie oft kann man hören: „... aber ich musste die Vertretung übernehmen!", „... die Abteilung X wollte kurzfristig eine Analyse!" usw. Alle diese „guten Gründe" kennen Sie schon lange. Um diese Abläufe besser abzuwickeln, wurde die Technik aufgestockt, die Organisation für die Mitarbeiter vereinfacht und alles unternommen, um dem Mitarbeiter mehr Zeit zur Erledigung seiner Hauptaufgaben und Ziele zu verschaffen. Millionen und Abermillionen wurden investiert, um diese Probleme für die Mitarbeiter zu lösen und ihnen mehr Freiräume zu schaffen. Nun taucht die Frage auf, ob sich diese Investitionen bezahlt gemacht haben, ob sich in dieser Hinsicht etwas geändert hat. Sicherlich, in gewisser Weise, ja. Reichen diese Veränderungen jedoch schon aus? Wir glauben, sie reichen noch nicht aus, denn die wirkliche Ursache wurde bisher zu wenig korrigiert. *Technische Modifizierungen garantieren nicht die Veränderung von Denkweisen.* Was treibt uns an, oder hindert uns, etwas zu tun? Einer der häufigsten Hemmschuhe ist der Faktor Angst. Angst vor Veränderungen, die jeder Mensch kennt. Angst vor dem „Nein", das schon ganz früh in der Kindheit geprägt wurde. Die Angst zu versagen, nicht gut genug zu sein – und letzten Endes die Arbeit zu verlieren oder in einem ungeliebten Beruf arbeiten zu müssen. Vielleicht auch die Angst, sich vor sich selbst rechtfertigen zu müssen. Alle diese Ängste erschweren uns das Leben. Der einfachste Weg, Ängste zu besiegen, ist, sich ihnen zu stellen. Denn Angst hat auch etwas Positives. Angst sichert das Überleben des Menschen.

Wer keine Angst hat, ist nicht mutig und erst recht nicht intelligent. Nur wer Angst hat und sie überwindet, ist mutig. Mut ohne Angst gibt es nicht. Menschen, die wirklich keine Angst haben, wenn sie etwas völlig Neues ausprobieren, sind nicht mutig, sondern leichtfertig. Denn: Angst ist im Prinzip nichts anderes als fehlende Sicherheit. Aber die einzige wahre Sicherheit in unserem Leben ist die Tatsache, dass wir uns täglich weiterentwickeln, dass wir Fortschritte machen und ständig etwas dazulernen. Nutzen Sie diesen stetigen Lern- und Fortschrittsprozess zum Überwinden von Ängsten. Denken Sie daran, das einzige was beständig ist, ist die Veränderung. Fürchten Sie sich nicht davor, sondern nutzen Sie dies zu Ihrem Vorteil. Dies bietet auch Ihren Mitarbeitern Sicherheit. Heutzutage besteht eine der größten Herausforderungen und Aufgaben eines Teams darin, mit Veränderungen und veränderten Situationen professionell umzugehen. Je besser Sie und Ihr Team darauf eingestellt sind, desto größer sind Ihre „Überlebenschancen". Entwickeln Sie Visionen, die Ihnen verlockend erscheinen. Entwickeln Sie Vorstellungen, die Sie motivieren und aktivieren. Wenn Ihnen eine Situation nicht mehr gefällt, entscheiden Sie, etwas daran zu ändern und bewegen Sie sich dahin.

Wie verlässt man eingefahrene Gleise?

Warum ist es heutzutage besonders wichtig, sich regelmäßig zu hinterfragen? Zu überprüfen, ob die Ziele und Strategien noch die richtigen sind? Eingefahrene Gleise zu verlassen? Wir sind mittlerweile fast in allen Bereichen in einem Angebotsüberschuss. Hinzu kommt, dass es dank Internet ausgesprochen leicht ist die Angebote zu vergleichen und den besten und billigsten Anbieter herauszufiltern. Vor ca. 100 Jahren waren die Rohstoffe eines Unternehmens Boden, Kapital und Mitarbeiter. Heute sind die Rohstoffe Mitarbeiter, Kapital, Information und Wissen. Früher verdoppelte sich das Gesamtwissen der Welt etwa alle 50 Jahre. Mittlerweile verdoppelt sich das Gesamtwissen der Welt alle vier bis fünf Jahre, in einigen Branchen sogar alle zwei bis drei Jahre. Aus diesen Gründen ist es so ausgesprochen wichtig, dass ein Unternehmen, die Abteilungen und jeder einzelne Mitarbeiter flexibel sind und bleiben und sich auf die veränderten Bedingungen einstellen können. Prüfen Sie selbst, ob Sie Ihre Aktivitäten und Ihre Strategien so beibehalten möchten wie bisher – oder ob Sie nicht einiges ändern müssen.

Veränderungsprozesse in sechs Schritten steuern

Wer nicht permanent an sich arbeitet, verliert den Anschluss. Stillstand ist Rückschritt! Doch gewohnte Verhaltensweisen ändern, fällt nicht leicht, es kann wehtun und es erfordert ehrliches und selbstkritisches Wahrnehmen. Das bedeutet, zuerst sensibel auf die Reaktionen und Aktionen anderer zu achten, um festzustellen, wo und wie

Verhaltensänderung notwendig wird. Es gilt, Selbstbild und Fremd-bild abzugleichen, zu fragen, wie man sich selbst sieht und wie man von seinen Mitarbeitern und Kunden wahrgenommen wird. Verhalten ändern beginnt mit der Analyse, welche Strategien und Verhaltensweisen zum Ziel führen und welche vom Ziel wegführen bzw. blockieren. Eine der einfachsten Möglichkeiten hierbei ist das Modellieren oder das Benchmarking: Unternehmen und Menschen beobachten, die das gewünschte Ergebnis bereits erreicht haben, genau hinschauen, welche Strategien und Verhaltensweisen dafür verantwortlich waren, sie genau studieren, um diese gegebenenfalls zu übernehmen.

Bitte berücksichtigen Sie: Veränderungen benötigen Zeit und sind zunächst eher unbequem. Gehen Sie in kleinen Schritten vor, dafür aber in regelmäßigen, kurzen Abständen, am besten täglich. Veränderung ist ein kontinuierliches Arbeiten an sich selbst, denn nur wenn wir etwas anders *tun, uns anders verhalten,* bekommen wir auch andere Ergebnisse. Wenn wir das tun, was wir immer getan haben, bekommen wir auch nur die Ergebnisse, die wir immer bekommen haben. Die nachfolgenden sechs Schritte zeigen Ihnen auf, wie Sie Verhalten bei sich und anderen nachhaltig verändern können:

Treffen Sie Entscheidungen!

Die *1. Stufe* wird Ihr wichtigster Schritt sein. Fixieren Sie Ihr Ziel, das Sie erreichen wollen. In welchem Bereich möchten Sie etwas verändern und wie genau, möchten Sie es verändern. Prüfen Sie ganz genau, was Ihr Ziel ist. Zum Beispiel: Welche Art von Führungskraft wollen Sie sein? Wollen Sie Ihre Mitarbeiter zu Höchstleistungen anspornen? Was tun Sie für sich, damit Ihnen diese Aufgabe Spaß macht? Fragen Sie sich, ob Sie sich dem steigenden, wachsenden Druck stellen wollen. Nehmen Sie sich Zeit für eine genaue Analyse. Überprüfen Sie Ihr Ziel mit folgenden Fragen:

1. Ist es genau das, was ich will?
2. Warum will ich es?
3. Will ich es wirklich?
4. Warum ist es für mich so wichtig?

Hinterfragen Sie Ihre Motive und legen Sie diese der Zielerreichung zu Grunde. Überprüfen Sie Ihr Ziel bis ins Detail und legen Sie fest, was Sie möchten. Legen Sie Ihren Wunsch konkret fest und überprüfen Sie mehrfach, ob es genau das ist, was Sie wirklich wollen, warum Sie es wollen und warum es für Sie wichtig ist.

❧ Übung
Nehmen Sie bitte Ihr persönliches Strategieheft, notieren Sie Ihre Ziele und beantworten Sie für sich die obigen Fragen.

Neues Verhalten – angenehme Auswirkungen
Nachdem Sie Ihr Ziel fixiert haben, nehmen Sie die *2. Stufe* in Angriff. Auf dieser Stufe verbinden Sie unerträgliche Nachteile mit Ihrem alten Verhalten (das Sie ändern wollen) und unglaubliche Vorteile mit Ihrem neuen Verhalten. Überlegen Sie, was genau Sie tun wollen (Ihr fixiertes Ziel). Stellen Sie sich vor, was geschieht, wenn Sie es nicht angehen – die Nachteile, die dadurch entstehen würden. An dem Beispiel: Sie möchten eine geschätzte und erfolgreiche Führungskraft werden. Unerträgliche Nachteile, wenn Sie dies nicht erreichen, könnten sein: Ihre Mitarbeiter sind unmotiviert und lustlos und liefern schlechte Ergebnisse ab. Sie müssen alles selbst erledigen und erreichen trotzdem nicht Ihre Ziele. Ihr Chef ist unzufrieden. Ebenso Ihre Familie, weil Sie jeden Tag abgespannt,

genervt und lustlos nach Hause kommen. Für gemeinsame Freizeit bleibt sowieso keine Zeit mehr. Ihr Ansehen nach außen leidet. Bei Ihren Freunden werden Sie keine Anerkennung mehr finden. Sie werden unter Stress stehen und Rechtfertigungen suchen müssen. Vielleicht verlieren Sie sogar Ihren Arbeitsplatz oder werden krank. Sie müssen vielleicht Ihr Geld beim Sozialamt abholen oder werden von der Krankenkasse bezahlt. *Stellen Sie sich also das Schlimmste vor, wie furchtbar es werden könnte, wenn Sie Ihr Verhalten nicht ändern.* Je schrecklicher Sie sich dieses Bild ausmalen, umso motivierter werden Sie in Ihren Handlungen sein, um das Negative abzuwenden.

Nachdem Sie sich dies vorgestellt haben, verändern Sie nun Ihre Perspektive. Stellen Sie sich jetzt vor, wie es ist, wenn Sie Ihr neues, gewünschtes Verhalten annehmen. Malen Sie sich die unglaublichsten Vorteile aus, die Sie sich vorstellen können. Womöglich verhilft es Ihnen zu mehr Geld und Anerkennung, zum Aufstieg oder zur Festigung Ihrer Position! Spüren Sie, wie Sie wieder mit mehr Lust und Energie zur Arbeit gehen. Eventuell erhalten Sie Lob, avancieren zum anerkannten Spezialisten auf Ihrem Gebiet oder werden einfach zufriedener in der Gewissheit, etwas Richtiges, Gutes getan zu haben. Spüren Sie das „Kribbeln im Bauch"? Fasziniert Sie dieses Ziel ausreichend?

Überprüfen Sie jetzt, was Ihnen schlimmstenfalls passieren kann, wenn Sie Ihr Verhalten ändern und dies alles umsetzen – und akzeptieren Sie es. Suchen Sie nach Lösungen, die Sie weiter voranbringen.

Die Schwierigkeit bei der Verhaltensänderung liegt darin, dass wir sehr oft davon sprechen, was wir ändern könnten und sollten, es aber nicht als absolutes Muss ansehen. Viele Menschen werden Dinge nur dann sofort ändern, wenn sie sich zum Ändern gezwungen sehen. *Die Frage ist nicht, ob Sie sich ändern können, sondern ob Sie sich wirklich ändern wollen.* Das ist eine Frage der Motivation, und diese wiederum wird von Schmerz oder Freude bestimmt. Wie Sie Mitarbeiter damit motivieren können, finden Sie in Kapitel 7, „‚Mensch' Mitarbeiter". Verhaltensänderungen werden oftmals erst dann wirklich herbeigeführt, wenn die „Schmerzgrenze" erreicht ist. Leider gibt es genügend Menschen, die sich erst in diesem totalen Schmerzzustand befinden müssen, um etwas zu ändern. Sammeln Sie daher recht- und frühzeitig genügend überzeugende Gründe, die für die Veränderung sprechen – und es wird Ihnen möglich sein, Ihr Verhalten *sofort* zu ändern. Verknüpfen Sie gedanklich mehr Nachteile damit, so zu bleiben, wie Sie sind, und mehr Vorteile damit, sich zu ändern. Wenn sich alles um Sie herum ändert, wenn der Markt, das Unternehmen, die Kunden sich ändern, stellen Sie sich die konkrete Frage: „Welche Nachteile erwarten mich, wenn ich die neuen Anforderungen nicht erfülle?" Es ist *nicht eine Frage des Aufwandes*, den Ihre Änderung zwangsläufig nach sich zieht, *es ist eine Frage des Preises*, den Sie zu zahlen haben, wenn Sie sich nicht ändern.

Wie Sie aus dem „alten Trott" herauskommen

Beschäftigen Sie sich auf der *3. Stufe* mit der Unterbrechung Ihrer gewohnten Verhaltensmuster: Im Laufe der Zeit haben wir uns alle ganz bestimmte Verhaltensmuster angeeignet, geprägt von unseren Eltern, unserer Erziehung, unserer Umwelt, unserer Ausbildung und vielem anderen. Auch im Beruf gibt es ein für Sie gewohntes Verhaltensmuster. Vielleicht verläuft Ihr Tagesablauf völlig gleichförmig. Das hat natürlich seine Vorteile, die Arbeit an Ihrem Platz ist erledigt, alle Kästchen sind leer, alle Termine abgearbeitet. Sie können zufrieden sein. Sollte es aber zu Ihren Aufgaben gehören, Zielzahlen erreichen zu müssen, dann genügt die tägliche Routine meistens nicht. Sie sind gefordert, aktiv zu sein.

Viele Menschen sagen sich tagtäglich dasselbe: „Heute nicht, aber morgen!", doch nach jedem „morgen" kommt oft noch ein „morgen" – und sie verharren im alten Verhaltensmuster. Es ist schon ein Phänomen, wie viele Menschen es immer noch gibt, die dasselbe wie immer tun, aber dennoch andere Ergebnisse erwarten. *Eine andere Wirkung erzeugen, bedeutet Verhaltensweisen (Ursachen) ändern.* Dann können langfristig wirksame Ergebnisse erzielt werden. Es ist daher wichtig, die alten Verhaltensmuster zu unterbrechen, wenn Sie in den alten Trott verfallen. Ändern Sie einfach die Situation. Suchen Sie die Ursache und entscheiden Sie sich, eine neue Wirkung zu erzielen.

Entwickeln Sie wirkungsvolle Alternativen!

Die *4. Stufe* beschäftigt sich mit den Möglichkeiten, auf welche Art und Weise Sie sich dieses neue Verhalten aneignen können. Vielleicht haben Sie probiert, Ihr Verhalten zu ändern, doch es ist Ihnen nicht so recht gelungen. Da kommt schnell der Gedanke auf, es einfach wieder zu lassen, weil dies der „bessere" = bequemere Weg ist. Lassen Sie sich nicht dazu verführen, diesen Weg einzuschlagen. Es gibt zwei Auswege aus dieser Sackgasse: Entweder Sie suchen sich einen erfolgreichen Menschen als Vorbild – oder Sie knüpfen an eigene Erfolge in der Vergangenheit an, lassen die Bilder, Worte und Gefühle von damals innerlich noch einmal Revue passieren und notieren Ihre Stärken. Nutzen Sie diese in sich verankerten Stärken und aktivieren Sie sie aufs Neue. Suchen Sie nach Alternativen, die Ihnen helfen, Ihr gewünschtes Verhalten zu erreichen und dies nachhaltig zu verankern. Bedenken Sie dabei, dass Sie der Mensch sind, der entscheidet. Es ist einzig und allein Ihre Entscheidung, etwas zu tun. Entscheiden Sie sich definitiv für Aktivitäten, die Sie sonst vernachlässigen.

Stellen Sie die dauerhafte Veränderung sicher!

Wir rekapitulieren: auf der 1. Stufe haben Sie Ihr Ziel klar fixiert und befinden sich nun auf dem Weg. Auf der 2. Stufe haben Sie sich unerträgliche Nachteile vorgestellt, aber auch die unglaublichen, faszinierenden Vorteile, die Sie durch eine Verhaltensänderung erreichen können. Auf Stufe 3 haben Sie gelernt, Ihr Verhaltensmuster zu unterbrechen und auf der 4. Stufe, wie Sie sich wirkungsvolle Alternativen zum Erreichen Ihres Zieles schaffen können. Nun kommt der Punkt, dieses Verhalten fest zu verankern. Wo Sie einen Pfad angelegt haben, ist es notwendig, dass Sie durch ständiges Begehen dieses Pfades (= Wiederholen) den Weg solange ebnen, bis er zu einer geraden Straße wird. Ein Sportler stellt seinen Erfolg dadurch sicher, dass er wieder und wieder trainiert, immer wieder denselben Ablauf probt, bis er die gewünschte Kondition dafür erreicht hat. Dies gilt auch im Spiel der Verhaltensänderung. Es gilt, sich immer wieder neu zu konditionieren. *Wiederholen Sie das gewünschte Verhalten für Ihr gewünschtes Ziel so oft wie möglich, und sei es nur in Gedanken, Bildern, Worten oder Gefühlen.* Trainieren Sie andauernd und nachhaltig.

Einer der wichtigsten Punkte für eine dauerhafte Verhaltensänderung ist, dass Sie Ihr neues gewünschtes Verhalten akzeptieren und immer wieder verstärken. Wenn Sie Aufgaben, die Sie früher frustrierten, jetzt locker und spielerisch angehen, dann seien Sie stolz auf sich und verstärken Sie Ihr neues Verhalten. Freuen Sie sich, dass

Sie auf dem richtigen Weg sind. Lächeln Sie sich zu oder belohnen Sie sich damit, dass Sie Ihre Lieblings-CD hören. Wenn Sie die Veränderung festschreiben wollen, ist es sinnvoll, einen ganz konkreten Plan zu erstellen. Legen Sie sich einen schriftlichen Tages- und Wochenplan an, in dem Sie konkret Ihre Tages- und Wochenziele festlegen. Notieren Sie sich eine Anzahl kurzfristiger Ziele, die Sie sofort angehen können und deren Erfolg sich unmittelbar einstellt. Dies hat den Vorteil, dass Sie nach Erreichen Ihres Zieles eine sichtbare Kontrolle haben, wenn Sie den Punkt in Ihrem Planer abhaken. Fixieren Sie Ihr Ziel nicht, indem Sie es sich nur vorstellen, sondern handeln Sie konkret und messbar. Prüfen Sie regelmäßig, ob Sie Ihr Ziel erreicht haben und gönnen Sie sich dann sofort eine Belohnung. Überlegen Sie vorher, wie Sie sich belohnen wollen, welche Belohnung Sie motiviert und notieren Sie diese mit Ihren Zielen. Verbinden Sie Ihr neues, angewendetes Verhalten mit Anerkennung und Belohnung.

Kommen Sie ins Handeln!

Lassen Sie uns nun die letzte, die *6. Stufe*, des Veränderungsprozesses betreten. Checken Sie ein letztes Mal ab, was geschieht, wenn Sie sich Ihr neues Verhalten auf Dauer angewöhnen. Überlegen Sie nochmals, wie sich dieses neue Verhalten auf Ihre Familie, Ihre Kollegen, Ihr Ansehen und Ihre Finanzen auswirken wird. Da Sie sich bereits einen Umsetzungsplan mit schriftlich fixierten Zielen erstellt haben, gehen Sie nochmals alle Stufen in Gedanken durch. Stimmen Sie sich mental darauf ein, dann starten Sie. Beginnen Sie den Tag mit der richtigen Einstellung, beginnen Sie ihn aktiv. Fragen Sie sich zu Tagesbeginn: „Warum freue ich mich heute?" Überlegen Sie, was an diesem Tag für Sie gut sein wird. Übertragen Sie Ihre Ziele aus dem Wochenplan in den täglichen Terminplaner. Arbeiten Sie gezielt nach diesem Tagesplan; am Ende des Tages überprüfen Sie, welche von Ihren Zielen Sie tatsächlich erreicht haben und haken sie diese ab. Beenden Sie Ihren Tag mit der Frage: „Was war heute gut?"

✎ Übung

Nehmen Sie Ihr persönliches Strategieheft und zeichnen Sie die 6 Stufen nach, über die wir in den letzten Kapiteln gesprochen haben. Gehen Sie genauso vor, wie es hier beschrieben wurde und – beginnen Sie sofort mit der Umsetzung.

Ideal wäre, wenn Sie diesen Prozess tatsächlich einmal durchlaufen und am eigenen Leib spüren, was es bedeutet, ein angewöhntes Verhalten zu ändern. Denn dann wissen Sie, was es bedeutet, wenn Sie einen Ihrer Mitarbeiter bitten, sein angewöhntes Verhalten zu ändern oder etwas Neues zu lernen. Vielleicht hätten Sie jetzt Verständnis dafür, dass er nicht von heute auf morgen ein Fan der Telefonakquisition wird, sondern einfach ein wenig Zeit benötigt, um sich dieses neue Verhalten anzugewöhnen und darin richtig gut zu werden. Immer wieder wird dieser Aspekt bei der Verhaltensänderung unterschätzt. Und so glauben viele Führungskräfte immer noch: „Habe ich erst einmal ein Zwei-Tage-Verkaufstraining durchführen lassen, verkaufen alle Mitarbeiter bestimmt sofort besser und machen alles anders!" Nicht ohne Grund spielt das Coaching in den letzten Jahren eine immer größere Rolle bei der Führungsarbeit. Dazu finden Sie mehr in Kapitel 10. Wichtig an dieser Stelle ist uns, ein Verständnis dafür zu schaffen, dass Verhaltensveränderung Zeit benötigt, die Sie sich und Ihren Mitarbeitern geben sollten.

Mahatma Gandhi wurde einmal von einer Frau gebeten, dass er ihrem Sohn sagen solle, wie wichtig es sei, auf Süßigkeiten zu verzichten. Der Junge war schwer krank, und sein Arzt hatte ihm dies empfohlen. Doch es fiel dem Jungen schwer. Aber er war ein großer Anhänger Gandhis und nahm alles sehr ernst, was dieser zu sagen hatte. Also hoffte die Mutter, dass ihr Sohn auf Gandhi hören würde. Sie hatten eine lange Reise von drei Tagen Fußmarsch auf sich genommen, um mit Gandhi sprechen zu können. Gandhi sagte zu der Frau: „Kommen Sie bitte in zwei Wochen wieder, dann spreche ich mit Ihrem Sohn." Die Frau war verwirrt, folgte jedoch und ging den langen Weg von drei Tagen wieder nach Hause. Rechtzeitig machte sie sich schließlich mit ihrem Sohn abermals auf den Weg. Gandhi sprach mit dem Sohn und empfahl ihm, keine Süßigkeiten mehr zu essen. Der Sohn war beeindruckt und hielt sich fortan an die Empfehlung seines Vorbildes. Die Frau allerdings war ein wenig erbost und fragte: „Warum hast du ihm das nicht gleich gesagt? Warum hast du uns nochmals den langen Fußmarsch machen lassen?" Gandhi antwortete: „Weil ich vor zwei Wochen selbst noch Süßigkeiten gegessen habe. Ich habe die zwei Wochen genutzt, um selbst keine Süßigkeiten mehr zu essen, damit ich ihm ein Beispiel bin. Denn nur was ich selbst tue, kann ich auch anderen empfehlen."

Vielleicht kann Gandhi auch ein Beispiel für uns sein.

Zusammenfassung der 6 Stufen zu nachhaltigen Veränderungen

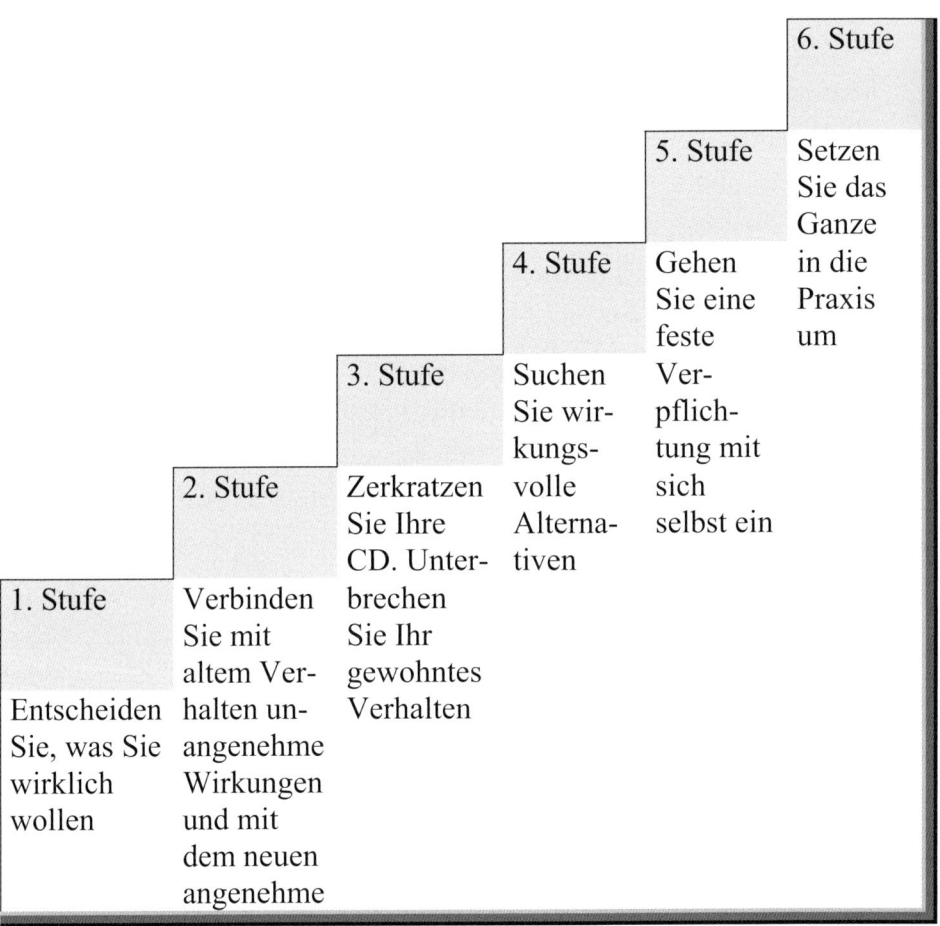

Kurz zusammengefasst

- Überprüfen Sie Ihr Verhalten. Achten Sie dabei auf Aktionen und Reaktionen anderer.
- Beobachten Sie Menschen, die das erreicht haben, was Sie erreichen wollen. Übernehmen Sie deren Verhaltensweisen.

- Fixieren Sie ganz konkret Ihre Ziele und treffen Sie eine echte Entscheidung.
- Verbinden Sie unerträgliche Nachteile aus Ihrem alten Verhalten und unglaubliche Vorteile Ihres neuen Verhaltens.
- Unterbrechen Sie eingefahrene Verhaltensmuster. Ändern Sie die Situation, indem Sie sofort damit beginnen, das zu tun, was Sie wirklich erreichen wollen.
- Knüpfen Sie an Ihre Erfolge in der Vergangenheit an. Machen Sie sich Ihre Stärken bewusst.
- Wiederholen Sie das gewünschte Verhalten so oft wie möglich, sowohl in Gedanken als auch in der Realität.
- Verbinden Sie Ihr neues Verhalten mit Anerkennung und belohnen Sie sich.
- Erstellen Sie sich einen Plan mit schriftlich fixierten Zielen und starten Sie gleich mit der Umsetzung.
- Entscheiden Sie sich jetzt sofort, das zu tun, was zum Erreichen Ihrer Ziele notwendig ist.

Meine wichtigsten Erkenntnisse:

_____

_____

So setze ich das Gelesene konkret um:

_____

_____

Als Führungskraft erfolgreich coachen

Teil II:

Die wichtigsten Führungsfähigkeiten

Als Führungskraft erfolgreich coachen

Kapitel 5:
Die sieben Grundsätze charismatischen Führens

Wir haben uns bisher intensiv damit beschäftigt, dass eine Führungskraft zuallererst sich selbst führen können muss – nur dann ist sie in der Lage, auch verantwortungsvolle Führungsaufgaben zu übernehmen. Das ist das Thema des zweiten Teils – die Führung von Menschen: Welche Führungsprinzipien gibt es, welche sollten Sie daraufhin überprüfen, ob Sie sie zur Grundlage Ihrer Arbeit machen können? Eine Führungskraft muss natürlich ihr „Handwerk" beherrschen – auch darum geht es im zweiten Teil. Aber Führung ist mehr als die Anwendung von Techniken und Strategien – Führung hat auch immer etwas mit der Persönlichkeit der Führungskraft zu tun, mit seiner Ausstrahlung, seinem Charisma.

Charisma – was ist das?

Wer ist die „bessere" Führungskraft? Die charismatische Führungspersönlichkeit, die – von der eigenen Sache begeistert – andere in ihren Bann zieht und motiviert? Oder der nüchterne Arbeiter, der seine Führungsinstrumente beherrscht und als „graue Maus" durch Sachlichkeit und Kompetenz vielleicht nicht zu begeistern, aber doch zu überzeugen weiß? Der Journalist Gero von Randow hat sich im Februar 2002 in der FAZ mit dem Thema „Führung und Charisma" beschäftigt und kommt zu dem Ergebnis, dass charismatische Führungspersönlichkeiten visionär, emotional und authentisch seien und Charisma keine persönliche Eigenschaft sei, sondern einem Menschen aufgrund seiner Wirkung, die er auf andere ausübt, zugeschrieben werde.

Die Antwort auf die Frage: „Führen mit Handwerkszeug oder Führen mit Charisma?" liegt in der goldenen Mitte. Das heißt für uns: Führungskräfte lassen im Führungsprozess ihre Persönlichkeit zur Entfaltung kommen und geben sich so, wie sie sind: Sie sind authentisch. Sie passen sich nicht chamäleonartig wechselnden Umständen an, sondern bleiben stets sie selbst. Dabei sind sie aber durchaus in der Lage, auf verschiedene Situationen verschiedenartig zu reagieren, also diejenigen Führungstechniken einzusetzen, die der Situation und der Person angemessen sind. Die Persönlichkeit und Individualität einer Führungskraft bilden den Rahmen – innerhalb dieses Rahmens sind sie zur kritischen Selbstbefragung und Weiterentwicklung fähig und bereit, auch schmerzhafte Lernprozesse zu vollziehen. Fehler werden eingestanden, akzeptiert und revidiert – und verschwinden nicht unter dem Deckmantel der charismatischen Ausstrahlung.

Eine charismatische Führungskraft verlässt sich aber nicht allein auf ihre Begeisterungsfähigkeit, sondern ist zudem in der Lage, Gespräche gezielt vorzubereiten, ein positives Gesprächsklima zu schaffen, Fragetechniken gekonnt einzusetzen und aktiv zuzuhören. Sie ist in der Lage, vorauszudenken, kreativ und visionär – aber sie beherrscht auch Methoden und Techniken, diese Kreativität und die Visionen in praktische Maßnahmen zu gießen. Sie nimmt Mitarbeiter ernst, baut so Vertrauen auf und reagiert in verschiedenen Gesprächssituationen mit entsprechenden Management-Tools.

Die Erfolgsgrundsätze charismatischer Führungspersönlichkeiten

Erfolg hat seine eigenen Spielregeln. Je mehr Ihnen bekannt sind und je besser Sie diese beherrschen, umso leichter wird es Ihnen gelingen, erfolgreich zu sein. Erfolg haben bedeutet nicht nur, Geld besitzen oder eine Führungsposition erreichen, Erfolg ist das Ergebnis Ihrer Einstellung und Ihrer Werte. Er ist das, woran Sie glauben. Erfolgreich zu sein ist wie ein Puzzlespiel: Viele „Teilchen" sind dafür notwendig, Tcile, die zueinander passen. Der Erfolgsweg beginnt damit, dass Sie Ihre Ziele finden und formulieren – und dann engagiert darangehen, sie zu verwirklichen. Besonders wichtig ist, das Feedback, das Sie auf diesem Weg erhalten – zum Beispiel von den Mitarbeitern –, zu verarbeiten und flexibel genug zu sein, Ihr Verhalten so oft wie nötig zu korrigieren, bis sich der gewünschte Erfolg einstellt. Hier sehen Sie die vier Erfolgsfelder nochmals im Überblick:

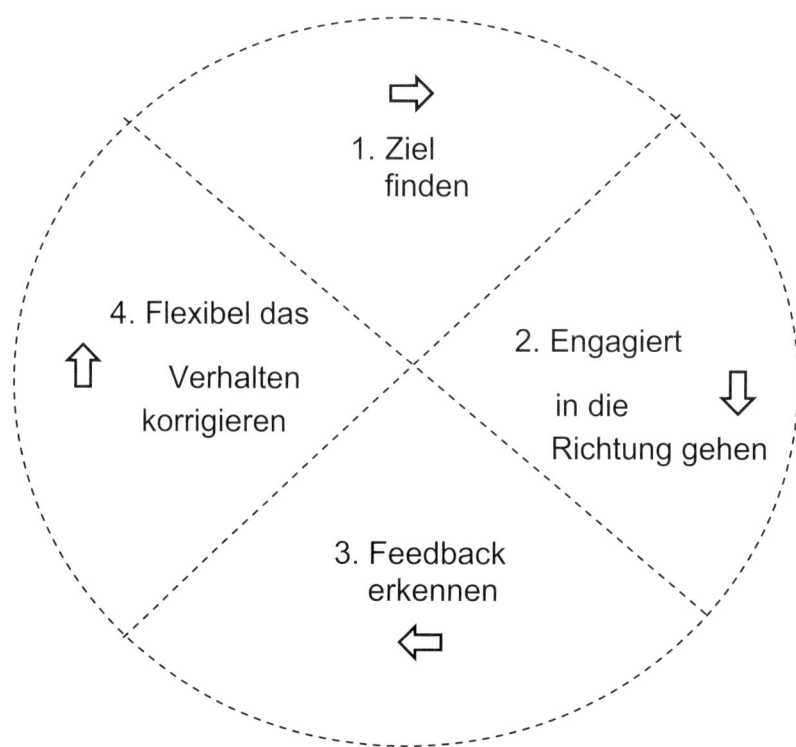

Lassen Sie uns nun gemeinsam die unserer Erfahrung nach sieben wichtigsten fördernden Erfolgsgrundsätze charismatischer Führungskräfte betrachten. Sicherlich stellen diese keine abschließende Aufzählung dar – sollten für Sie noch andere Erfolgsgrundsätze von Bedeutung sein, so fügen Sie sie bitte hinzu.

1. Den Mutigen gehört die Welt
2. Die 3-Gewinner-Strategie
3. Übernehmen Sie die volle Verantwortung!
4. Misserfolge sind die Meilensteine auf der Straße zum Erfolg
5. 2 x 2 = 5 – Synergieeffekte im Team
6. Ehrlich währt am längsten
7. Ohne Fleiß kein Preis

Grundsatz Nr. 1: Den Mutigen gehört die Welt
Dazu zunächst einmal eine kleine Geschichte: „Der Direktor eines großen Zoos wünschte sich seit vielen Jahren einen Eisbären, doch bislang hatte er nur Pech. Entweder war kein Geld vorhanden, die Stadträte waren anderer Meinung oder man fand nicht das geeignete Gelände. Doch das sollte sich ändern. Eines Tages stimmte alles. Die Glücksfee hatte ihr Füllhorn über ihm ausgeschüttet. Alle Stadträte hatten zugestimmt, ein Gelände wurde gefunden und das Geld bewilligt. Die Freude des Zoodirektors war so groß, dass er beschloss, den Eisbären sofort zu kaufen, damit er miterleben könne, wie sein Gehege und sein Heim entstehen. Und so geschah es. Er kaufte den Eisbären und sperrte ihn auf dem noch nicht vorbereiteten Gelände in einen 2 x 2 Meter großen Käfig ein. Die Bauarbeiten begannen, die Bagger kamen, es wurde eingeebnet und ausgehoben, es wurden Berge und Täler und ein See für ihn angelegt – der Eisbär sah den Bauarbeiten aufmerksam zu. Endlich war es so weit: Nach einem halben Jahr waren das Gehege und das Umfeld für den Eisbä-

ren fertig gestellt. Es kam der große Tag der feierlichen Eröffnung. Der Bürgermeister, die Stadträte und ein riesiges Publikum waren zugegen: Der Eisbär durfte von seinem neuen Zuhause Besitz ergreifen, der Käfig wurde abgebaut, und alle warteten gespannt, was nun geschehen würde. Und wissen Sie, wie sich der Eisbär verhielt? Er ging zwei Meter vorwärts, zwei Meter nach rechts, zwei Meter zurück und zwei Meter nach links. Er lief genau innerhalb dieser zwei Meter, innerhalb des gewohnten Gefängnisses, innerhalb des nicht mehr vorhandenen Käfigs hin und her."

Wenn Sie persönlich nicht Gefangener Ihres eigenen Gedankengefängnisses bleiben wollen, müssen Sie sich anders verhalten als der Eisbär. Gehen Sie einen Schritt über Ihre eigenen Grenzen, über Ihre üblichen Gewohnheiten hinaus. Seien Sie mutig und probieren Sie einfach etwas aus. Denn wenn Sie einmal Erfolg gehabt haben, ist es viel leichter, daran zu glauben, dass Sie wieder Erfolg haben werden. Erich Kästner würde sagen: „Es gibt nichts Gutes, außer man tut es." Anerkannte und erfolgreiche Führungspersönlichkeiten haben sich nicht dadurch hervorgetan, dass sie sich innerhalb der vorgegeben „Grenzen" bewegt haben. Sie haben meist einen Schritt darüber hinaus getan – und oft waren sie Revolutionäre oder Vordenker.

Nehmen Sie die Herausforderung hoher Ziele an. Spüren Sie die Kraft, die davon ausgeht, wenn man ein Ziel erreicht, was man zunächst für unmöglich hielt. Es ist allein Ihre Entscheidung, wie Sie eine Sache angehen und ob Sie etwas ausprobieren möchten. Bedenken Sie, dass Sie jede Sekunde in der Lage sind, diese Entscheidung zu treffen. Es gibt nichts, was Sie daran hindern könnte.

Grundsatz Nr. 2: Die 3-Gewinner-Strategie

Wer sind die drei Gewinner der 3-Gewinner-Strategie? Aufgabe einer Führungskraft ist es, Unternehmensziele und Ziele der Mitarbeiter unter einen Hut zu bringen. Dabei sollten und dürfen aber auch die eigenen Ziele nicht außer Acht gelassen werden. Verbindungen, privater oder geschäftlicher Natur, bei der es Gewinner und Verlierer gibt, haben auf lange Sicht keine Überlebenschancen. Deshalb machen Sie sich bewusst:

1. Was gewinnt Ihr Unternehmen durch Ihre Arbeit und die Arbeit Ihres Teams?
2. Was gewinnt Ihr Mitarbeiter durch die Arbeit in Ihrem Team?
3. Was haben Sie davon?

Erst wenn Sie für alle drei Bereiche Antworten finden, arbeiten Sie in einer gesunden Struktur, welche es Ihnen ermöglicht, mit vollem Engagement zu arbeiten.

✎ Übung

Notieren Sie Ihre Antworten auf die drei Fragen in Ihr persönliches Strategieheft. Schreiben Sie alle Vorteile nieder, die Sie sowohl für sich, für Ihre Mitarbeiter und für das Unternehmen sehen.

Das Geheimnis Ihres Erfolges sind Engagement und Hingabe, mit denen Sie für Ihr Unternehmen tätig sind sowie Spaß und die Freude, die sie daran haben, mit Menschen und für Menschen Lösungen zu finden, um deren Wünsche zu erfüllen. Generell gesagt gibt es keinen Erfolg ohne Hingabe. Ganz gleich, wen Sie dabei betrachten, sei es Nelson Mandela oder Elvis Presley, Martin Luther King oder Thomas Alva Edison.

Grundsatz Nr. 3: Übernehmen Sie die volle Verantwortung!
Ein weiterer wichtiger Grundsatz besteht darin, selbst die Verantwortung für die erzielten Ergebnisse zu übernehmen. Von vielen Führungskräften hört man – wenn die Geschäfts nicht so richtig laufen – die berühmt-berüchtigten Sätze: „Die allgemeine Wirtschaftsflaute ist schuld ... Wenn die Umstände anders gewesen wären ..." Entweder sind die Zeit oder die Umstände schuld an vielen Dingen, die passiert sind oder nicht. Nie aber wird die Verantwortung bei sich selbst gesucht. Die Frage ist, inwieweit ich persönlich bereit bin, die Verantwortung für mich selbst und mein Team zu tragen, meine Ziele kontinuierlich zu verfolgen und die notwendigen Anforderungen und Strapazen dafür auf mich zu nehmen. Erfolgreiche Menschen – und erfolgreiche Führungspersönlichkeiten – übernehmen die volle Verantwortung für das, was sie tun. Sowohl für die Erfolge als auch für die Misserfolge. Deshalb sind sie erfolgreich. Aber Achtung: Anerkannte und erfolgreiche Führungskräfte überlassen die Anerkennung und das Lob für Erfolge auch einmal Ihrem Team und nehmen die Schuld für Fehler, die das Team gemacht hat, Dritten gegenüber (speziell gegenüber Geschäftsleitung und Kunden) auf sich. Es gibt fast nichts, was mehr demotiviert, als wenn der „Chef" sich die Lorbeeren für die Arbeit einheimst, die vom Team geleistet worden ist. Schlimmer ist nur noch, wenn der Chef seine eigenen Fehler der Geschäftsleitung gegenüber auf sein Team abwälzt.

Sicher gibt es immer tausend Gründe dafür, warum etwas nicht gelingt, und das gilt nicht nur für die Ziele im Unternehmen, sondern für alle Lebenssituationen. *Übernehmen Sie deshalb die Verantwortung für die Vereinbarungen, die Sie mit sich und anderen treffen.* Denn: Wer sich vor der Verantwortung drückt, ist zu bedauern. Wer Verantwortung übernimmt, gewinnt an Spaß, Freude und an Macht. Macht über sich selbst und über das Geschehen. Wer seine Vereinbarungen einhält und alles daran setzt, sie zu übertreffen, wird Wege finden, dies auch zu erreichen.

Wer die volle Verantwortung übernimmt, wird agieren und nicht reagieren. Er wird sich rechtzeitig um Ideen und Strategien kümmern, um die Erreichung der Ziele sicherzustellen – und nicht erst im letzten Moment, kurz vor Monatsende, unter Druck. Er wird ein Konzept erstellen und Aktivitäten an den Tag legen, um der Verantwortung, die er übernommen hat, auch gerecht zu werden.

Grundsatz Nr. 4: Misserfolge sind die Meilensteine auf der Straße zum Erfolg
Sicher gibt es immer wieder Gespräche oder Situationen, die nicht unserer Vorstellung entsprechend verlaufen und folglich als Misserfolg bewertet werden. Als Misserfolg deshalb, weil kein Erfolg zu verbuchen war – wir geben dem Vorgang eine negative Wertung. Doch in Wirklichkeit gibt es keine Misserfolge. Neutral betrachtet, sind es ausschließlich Ergebnisse und/oder Resultate. Was wir falsch machen, ist kein Misserfolg, sondern nur ein erzieltes Ergebnis. Wir lernen nur aus Fehlern. Etwas besser zu machen, setzt voraus, dass ich erkenne, was falsch war. Ganz gleich, ob es eigene oder fremde Fehler sind, der gesamte Lernprozess ist darauf aufgebaut. *Was wir oftmals als Missergebnis empfinden, ist nur Feedback auf dem Weg zu unserem Ziel.* Feedback, das nicht in die erwartete Richtung geht, bietet die Möglichkeit, unser Handeln zu korrigieren, um unser Ziel zu erreichen. Betrachten Sie es wertneutral. Jeder Fehler ist Teil eines wichtigen Prozesses, denn wir lernen aus Erfahrungen. Dass von vielen Menschen jeder Fehler und Irrtum als Misserfolg angesehen werden, ist oft belastend, es wirkt sich negativ auf die innere Einstellung aus. Aber die größte Einschränkung überhaupt ist die Furcht vor dem Misserfolg, die Furcht, zu versagen. Deshalb ist es wichtig, nicht in Problemen, sondern in Chancen bzw. Lösungswe-

gen zu denken. Erfolgreiche Menschen kennen das Wort Misserfolg nicht, sie gehen immer wieder neue Wege, um zum Erfolg zu gelangen.

Dies betrifft sowohl die eigene Arbeit als auch die Arbeit der Mitarbeiter. Nur wo nicht gearbeitet wird, entstehen garantiert keine Fehler. Fehler machen gehört zum Lernprozess dazu. Fördern Sie einen produktiven Umgang im Team mit Fehlern. Bringen Sie Ihr Team dazu, „Misserfolge" als Lernchancen zu sehen und daraus zu lernen. Stellen Sie lieber sicher, dass Fehler immer nur ein Mal passieren. Erarbeiten Sie sich mit Ihrem Team eine Strategie, wie Sie gemeinsam sicherstellen können, dass gemachte Fehler nicht noch einmal vorkommen. Entwickeln Sie eine Lernkultur, in der Ihre Mitarbeiter die Angst davor verlieren, Fehler zu machen. Konzentrieren Sie Ihre Energie wieder auf die Erarbeitung von Lösungen. So bekommen Sie ein Team, das aus „Adlern" besteht.

An Misserfolg glauben heißt, negative Emotionen in sich aufbauen und diese abspeichern. Es heißt, negative Bilder und Worte im Unterbewusstsein ablegen. Dies hat zur Folge, dass allein der Gedanke an die Angst vor dem Versagen für viele Menschen ein so unüberwindbares Hindernis darstellt, dass dadurch alle Aktivitäten gelähmt werden. Stellen Sie sich vor, Sie würden einen Fachartikel für eine Zeitschrift schreiben wollen, haben aber Zweifel, ob ihn überhaupt jemand druckt, und wenn ja, ob er dann Interesse findet und ob er gut ist. Wenn das Ihre Gedanken sind – Misserfolgsgedanken – wie wird dann die Umsetzung aussehen? Wahrscheinlich werden Sie den Artikel gar nicht erst schreiben. Allein der Gedanke an den Misserfolg bzw. an das eventuelle Versagen führt dazu, dass Sie eine Chance, eine Möglichkeit nicht wahrnehmen. Vielleicht hätten Sie mit Ihrem Artikel ein breites Publikum angesprochen, vielen Menschen neue Tipps gegeben oder Ihren Kollegen interessante neue Aspekte durch die Veröffentlichung dieses Artikels aufgezeigt.

✎ Übung

Erinnern Sie sich bitte: Vielleicht gab es auch in Ihrem Leben Misserfolge. Überlegen Sie, welche Gegebenheiten Sie zu Ihren größten Misserfolgen rechnen. Notieren Sie diese bitte in Ihrem persönlichen Strategieheft. Nehmen Sie sich dazu einige Minuten Zeit und überlegen Sie, welche Erfahrungen Sie durch die so genannten schlimmsten Misserfolge Ihres Lebens gewonnen haben. Gehören diese vielleicht zu den wertvollsten Lektionen Ihres Lebens – nach dem Motto: „Aus Erfahrung wird man klug!" Was haben Sie daraus gelernt? Notieren Sie auch dies in Ihrem persönlichen Strategieheft.

Streichen Sie also das Wort Misserfolg aus Ihrem Wortschatz. Tauschen Sie es aus gegen das Wort Ergebnis oder Resultat, denn es gibt nur Ergebnisse oder Resultate. Seien Sie offen und lernen Sie aus diesen Ergebnissen, sehen Sie sie als Feedbacks, die Ihnen helfen, Ihre Ziele zu erreichen. Wenn Sie nicht auf dem richtigen Weg zu Ihrem Ziel sind, ändern Sie Ihr Verhalten immer wieder, bis Sie mit Ihren Ergebnissen zufrieden sind. Lernen Sie aus jeder Erfahrung.

Grundsatz Nr. 5: 2 x 2 = 5 – Synergieeffekte im Team
Toll, ein anderer macht's! Auch das ist eine Definition des Begriffes Team. Doch Teamarbeit heißt nicht, die Verantwortung auf andere abzuwälzen, sondern Synergieeffekte zu nutzen. Jeder Mensch hat andere Fähigkeiten, jeder Mensch hat eigene Stärken. Teamarbeit bedeutet, unterschiedliche Stärken zu nutzen, Synergieeffekte aufzubauen. Ziel ist es, gemeinsam stark zu sein.

Einmal haben wir in einem Unternehmen ein Training durchgeführt, bei dem mehrere Teams trainiert wurden. Schon zu Beginn war auffallend, dass sich gute Mitarbeiter nicht mehr hervortun durften als die schwächeren Kollegen. Besondere Aktivitäten oder besondere Leistungen wurden innerhalb des Teams quasi „bestraft" bzw. nicht anerkannt. Das hatte zur Folge, dass sich die aktiven Teammitglieder nicht so sehr um Spitzenleistungen bemühten, sondern mehr auf den Teamgedanken und die Anerkennung des Teams ausgerichtet waren. Niemals darf dieses Verhalten Sinn und Zweck eines Teams sein; ein Team soll, anstatt zu hemmen, das einzelne Teammitglied fördern und weiterbringen. Seien Sie von sich überzeugt und glauben Sie an sich, aber glauben Sie auch an die Fähigkeiten anderer.

„Unseren gemeinsamen Bereich mit einem gemeinsamen Ziel bearbeiten und verbessern" – das ist das Motto erfolgreicher Teamarbeit. Je mehr gemeinsame Kraft wir einsetzen, um uns auf ein Ziel zu konzentrieren, desto stärker ist die Wirkung bzw. desto schneller können wir es erreichen. Selbst wenn wir gleichen Aufgaben und gleichen Anforderungen gegenüberstehen, bringt die Teamarbeit erhebliche Vorteile. Ein funktionierendes Team kann viel mehr erreichen, als es „Einzelkämpfern" möglich ist. Nutzen Sie also die Vorteile der Teamarbeit. Bedienen Sie sich aber nicht nur der vorhandenen Teams, sondern überlegen Sie, mit wem Sie im Team arbeiten bzw. durch wen Sie Ihr Team erweitern möchten. Wer hat Fähigkeiten, die bei den bisherigen Teammitgliedern nicht so stark ausgeprägt sind, die dem Team aber weiterhelfen könnten? Entscheidend ist, Mitarbeiter zu finden und ins Team zu integrieren, deren Fähigkeiten die Kompetenzen der anderen Mitarbeiter ergänzen.

Umfassende Fähigkeiten sind gefragt – denn unterschiedlichste Fähigkeiten und Persönlichkeiten bereichern Teams. Das gilt auch bezüglich der Werte, Überzeugungen, Persönlichkeitsmerkmale und Mentalitätsunterschiede der Teammitglieder. Unterschiedliche „Typen" führen zu einem farbenfrohen Mitarbeiterbild – auch im Team, dessen Synergieeffekte Sie nutzen können, indem Sie Ihr Team aus möglichst unterschiedlichen Mitarbeitern zusammensetzen, die sie gegenseitig ergänzen. Studien zeigen, dass die Arbeitsleistung heterogen zusammengesetzter Teams um bis zu 20 Prozent höher liegt als die von homogenen Gruppen. Kein Wunder: Teams, in denen *nur* Buchhalter oder *nur* Visionäre sitzen, kommen zu recht einseitigen Ergebnissen. Geben Sie uns Recht? Die verschiedenen Wahrnehmungsmuster möglichst unterschiedlicher Teammitglieder hingegen führen zur Vielfalt auch in den Bewertungen und Problemlösungsprozessen – heterogene Teams sind innovativer und kreativer.

Grundsatz Nr. 6: Ehrlich währt am längsten
Aufrichtigkeit ist immer noch die beste Basis einer Zusammenarbeit. Wenn Sie sich als Führungskraft an die Wahrheit halten, dann sind Sie frei von der Sorge, sich an das erinnern zu müssen, was Sie bei Ihrem letzten Mitarbeitergespräch erfunden haben, Sie sind frei von der Angst, sich selbst zu widersprechen – frei, um sich auf die Mitarbeiter und die Zielerreichung konzentrieren zu können. Diesen Vorteil haben auch die Mitarbeiter, die Ihnen vertrauen, die wissen, dass Sie ihnen die Wahrheit sagen, sie müssen ihre Kraft und Aufmerksamkeit nicht darauf konzentrieren, ob Sie es ehrlich mit ihnen meinen, sie können unbefangen und frei arbeiten.

Was auch immer Sie tun: Achten Sie darauf, dass Sie immer ehrlich sind. Als Führungsverantwortlicher ist es wichtig, dass man Ihnen glaubt. Und es ist wichtig, dass Sie Ihren Mitarbeitern glauben können. Wenn Sie Ihre Glaubwürdigkeit verlieren, verlieren Sie damit Ihre wichtigste Einflussmöglichkeit. Es bleibt Ihnen dann nur noch die Durchsetzung Ihres Willens mit Hilfe Ihres Amtes. Der Verlust an Glaubwürdigkeit ist nur durch einen langwierigen Prozess der „Beweisführung" zu reparieren. Weiterhin laufen Sie Gefahr, dass Ihre Mitarbeiter es auch nicht so genau mit der Ehrlichkeit nehmen, wenn sie selbst nicht ehrlich sind. Und Sie haben dann kaum noch Möglichkeiten, dies zu unterbinden, weil Ihre Mitarbeiter Ihnen natürlich den gleichen Vorwurf machen könnten. Ehrlich sein bedeutet jedoch nicht, sich gehen zu lassen und im Affekt zu kritisieren. Ehrlich sein bedeutet, zu seinen Aussagen zu stehen und für die Mitarbeiter „berechenbar" zu sein. Mitarbeiter möchten wissen, mit wem sie es zu tun haben, und sich darauf verlassen können.

Grundsatz Nr. 7: Ohne Fleiß kein Preis
Nicht das Beginnen wird belohnt, sondern einzig und allein das Durchhalten. Es sind nur drei kleine Wörter, die den Erfolgreichen vom weniger erfolgreichen Mitarbeiter unterscheiden. Sie lauten: „... und etwas mehr!" Erfolgreiche Menschen tun alles das, was man von Ihnen erwartet – und etwas mehr! Sie agieren so viel, wie jeder andere auf seinem Gebiet – und etwas mehr! Ein Schüler, der eine „Auszeichnung" erhält, hat mehr geleistet als nur das, was man von ihm verlangte. Er ist ein guter Schüler – und etwas mehr! Thomas Alva Edison, der Erfinder der Glühbirne, sagte einmal: „Ich habe nie etwas zufällig getan, noch kam irgendeine meiner Erfindungen durch Zufall zustande. Sie sind der Ertrag harter Arbeit." Also: „Ohne Fleiß kein Preis." In einem Interview wurde der Golfprofi Bernhard Langer gefragt: „Als der Ball in den Ästen des Baumes gelandet ist, haben Sie aber auch ganz schön viel Glück gehabt, dass der Ball mit Ihrem Schlag wieder im Grün landete und Sie dadurch das Turnier gewinnen konnten." „Ja", so die Antwort, „das ist mir auch schon aufgefallen. Je mehr ich übe, desto mehr Glück habe ich." Um auf den Gipfel des Erfolges zu kommen, gibt es keinen Aufzug, man muss die Treppe benutzen. Man kann nur eine Stufe nach der anderen nehmen und bleibt dort hängen, wo man nicht mehr weiterstei-

gen will. Erfolgreich zu sein, heißt motiviert sein und Leistung erbringen. Ein Mitarbeiter, der sich bemüht, nur mitzukommen, wird eines Tages von den anderen überrundet. Vielleicht hat er gelernt, durchzukommen – aber nicht, vorwärts zu kommen.

Es gibt zwei Arten von Führungskräften, die „heute" nicht viel zu Stande bringen. Die einen bewundern ihre hervorragende Leistung von gestern, so dass sie einen ganzen Tag damit verbringen, sich selbst zu gratulieren und zu loben. Die anderen werden alles „morgen" tun. Doch bedenken Sie: Ganz gleich, wie tüchtig Sie sind – *weder gestern noch morgen ist es möglich, die Arbeit von heute zu tun.* Deshalb planen Sie kontinuierlich und aktiv den jeweiligen Tag. Planen Sie Ihr Heute. Denn Sie wissen: Ohne Fleiß kein Preis!

Kennen Sie Menschen, die ständig etwas ausprobieren und unternehmen, die sich nicht scheuen, eine Aufgabe anzupacken, um zu schauen, was sie daraus machen können, Menschen, die engagiert arbeiten und Spaß an ihrer Arbeit haben, Führungskräfte, die voll und ganz die Verantwortung für ihre und den Erfolge Ihres Teams übernehmen? Kennen Sie Menschen, die ihren Blick nicht auf Misserfolge, sondern auf Chancen gerichtet haben? Kennen Sie Menschen, die nicht nur ihre eigene Stärke, sondern die Stärke ihres ganzen Teams nutzen. Und kennen Sie Menschen, die ehrlich und vertrauensvoll sind und an Ihren Zielen arbeiten?

Wie finden Sie solche Leute? Sind Ihnen diese Personen eher sympathisch oder unsympathisch?

Solche Leute haben eine positive Ausstrahlung, sind meistens gut gelaunt und freundlich zu ihren Mitarbeitern. Nach den genannten sieben Grundsätzen zu leben, wird Sie über einen langen Zeitraum motivieren. Denn die Erfolgsgrundsätze sind der Schlüssel zur

Langzeitmotivation. Eignen Sie sich diese Grundsätze an, arbeiten Sie danach. Sie werden feststellen, dass sie die Grundvoraussetzungen für charismatische Führungskräfte sind. Wer sie beherzigt und lebt, gewinnt an Überzeugungskraft, Authentizität und Kompetenz – gewinnt an charismatischer Ausstrahlung.

Kurz zusammengefasst

- Charismatische Führungskräfte handeln nach festen Erfolgsgrundsätzen – und verfügen über Persönlichkeit und Ausstrahlung.
- Setzen Sie sich lohnenswerte Ziele, gehen Sie diese engagiert an, hören Sie auf das Feedback, das Sie erhalten, und korrigieren Sie flexibel Ihr Verhalten, bis Sie diese Ziele erreicht haben.
- Die beste Idee nützt nichts, wenn Sie nur eine Idee bleibt. Seien Sie mutig und probieren Sie etwas aus.
- Es gibt keine Misserfolge – sehen Sie Fehler als Lernchancen. Korrigieren Sie Ihr Handeln so oft, bis Sie mit dem Ergebnis zufrieden sind.
- Arbeiten Sie flexibel und effektiv im Team und setzen Sie Ihre Teams so zusammen, dass möglichst verschiedene Menschen zusammen kommen.
- Gewinnen Sie durch Ehrlichkeit treue Mitarbeiter.
- Beherzigen Sie das Motto: „... und etwas mehr". Geben Sie immer mehr als verlangt wird.
- Planen und bestimmen Sie aktiv den jeweils „heutigen Tag".

Meine wichtigsten Erkenntnisse:

_____

_____

_____

So setze ich das Gelesene konkret um:

_____

_____

_____

Kapitel 6:
Königsaufgabe Mitarbeiterführung

Es liegt in Ihrer Verantwortung, in der Verantwortung der Führungskraft, Mitarbeitern zu helfen, ihr gesamtes Potenzial zu entfalten. Dazu ist es notwendig, dass Sie die emotionale Bindung der
Mitarbeiter an das Unternehmen, die Abteilung und die berufliche
Aufgabe fördern. Das Meinungsforschungsinstitut Gallup hat im
Jahr 2003 nach einer Befragung von knapp 2.000 Arbeitnehmern das
erschreckende Fazit ziehen müssen: „Viele Deutsche mögen ihren
Job nicht." Neun von zehn Beschäftigten empfinden ihrer Arbeit
gegenüber keine echte Verpflichtung, sprechen von einer geringen
emotionalen Bindung an ihren Arbeitgeber. Über zwei Drittel der
Befragten leisten lediglich „Dienst nach Vorschrift", jeder fünfte gar
hat überhaupt keine Lust auf seine Arbeit. Die Befragung ist ein
Offenbarungseid bezüglich der Führungsqualitäten der deutschen
Führungskräfte. Denn selbst wenn man davon ausgeht, dass sich
unter den Befragten einige „schwarze Schafe" befinden, die auch
durch die besten Arbeitsbedingungen nicht zu mehr Lust auf Leistung animiert werden können, lassen die Gründe für die Demotivation aufhorchen: Da ist die Rede von schlechtem Management, von
der Unfähigkeit der Führungskräfte, gute Leistungen entsprechend
anzuerkennen. Viele Arbeitnehmer sind der Meinung, sie besetzten
eine Position, die ihren Fähigkeiten nicht entspräche, und fühlen sich
nicht genügend gefordert. Beklagt wird zudem das grundsätzliche
Desinteresse der Vorgesetzten an den Mitarbeitern.
Die Folgen sind gravierend: Die Klientel der Unzufriedenen flüchtet
in die innere Kündigung, in die Krankheit und wechselt überdurch-
schnittlich oft den Arbeitgeber. Die Arbeitsqualität leidet. In dieser
Situation scheint vor allem die Sozialkompetenz der Führungskräfte
gefragt zu sein, die sie in die Lage versetzt, Vertrauen zu den Mitarbeitern aufzubauen, klare Zielvereinbarungen zu treffen und ihnen

Spielräume für eigenständiges Arbeiten und eigenverantwortliche Entscheidungen zu geben. Ist es mit der Führungskompetenz deutscher Führungskräfte wirklich so schlecht bestellt? Dazu eine Geschichte, die uns eine unserer Seminarteilnehmerinnen erzählte – wir haben die Namen der genannten Personen dabei geändert.

Führungsverhalten: ungenügend

Gertrud Heller, Abteilungsleiterin „Vertrieb und Verkauf" eines mittelständischen Unternehmens aus der Konsumgüterindustrie, ist mal wieder so richtig sauer. Michael Schmitt, einer ihrer Außendienstmitarbeiter, hat einen wichtigen Kundentermin in allerletzter Sekunde abgesagt – das ist in den vergangenen Wochen des Öfteren vorgekommen. Und überhaupt: Schmitt fehlt häufig, hat viel zu wenig telefonische Kundenkontakte und ist nicht oft genug „draußen" beim Kunden. Erbost stürmt Gertrud Heller in Schmitts Büro, in dem dieser sich gerade mit zwei Kollegen unterhält, und lädt ihren ganzen Frust ab, ohne den Mitarbeiter auch nur zu Worte kommen zu lassen: „Herr Schmitt, führen Sie schon wieder Privatgespräche? Sie sollten sich lieber um Ihre Kunden kümmern. Wir haben doch ganz klar vereinbart, dass Sie in diesem Quartal Ihren Privatkundenumsatz erheblich steigern müssen. Das schaffen Sie bestimmt nicht, wenn Sie andauernd Termine platzen lassen. Vielleicht sollten Sie nicht immer so überpünktlich nach Hause gehen."

Wieder einmal nimmt sich die Abteilungsleiterin vor, am nächsten Tag ein Kritikgespräch mit ihrem Verkäufer zu führen – obwohl sie eigentlich jede Menge anderer Termine auf der Agenda hat. „In den Seminaren heißt es immer, bei der Mitarbeiterführung müsse der Mensch im Mittelpunkt stehen – aber in Wirklichkeit stehen die

Mitarbeiter nur im Wege. Und ohne Kontrolle läuft hier sowieso gar nichts", so Gedanken der Abteilungsleiterin.

In dem Kritikgespräch erfährt die Abteilungsleitern schließlich Überraschendes über die Gründe für die Fehlleistungen ihres Verkäufers: Seit mehreren Monaten ist seine Frau erkrankt – nicht nur nach Feierabend, sondern manchmal auch während der Arbeitszeit muss sich Schmitt um seine Frau kümmern, Ärzte aufsuchen, telefonisch den Schulbesuch und die Unterbringung der Kinder organisieren. Zwar hat er seine Vorgesetzte darüber informiert, doch Frau Heller hatte die Information wohl schlichtweg vergessen, hatte damals auch gar nicht nachgefragt, weil sie ganz dringend zu einem Meeting musste...

Nicht nur dieses Beispiel zeigt Ihnen anschaulich, dass das Führungsverhalten deutscher Vorgesetzter ausbaufähig ist: Denn „Führen" heißt, sich mit *dem Menschen* zu beschäftigen. Das belegt auch eine Führungskräfte-Studie über Führungsfehler und Arbeitsfrust, durchgeführt von Markon, einem Experten für Mitarbeiterbefragungen aus Stadtbergen bei Augsburg: Jede dritte Stunde am Arbeitsplatz geht durch Trödelei und mangelnde Motivation verloren – so das Fazit. Demnach sind 44 Prozent der Mitarbeiter der Ansicht, ihre Chefs würden sie nicht fair beurteilen, je 46 Prozent meinen, der Chef helfe bei Problemen bei der Arbeit nicht und setze sich nicht für den Mitarbeiter ein. 54 Prozent urteilen, der Vorgesetzte bespreche die Aufgaben und Ziele der gemeinsamen Arbeit nicht mit ihnen, noch einmal 5 Prozent mehr (59 Prozent) sind der Ansicht, er lege keinen Wert auf eine partnerschaftliche Zusammenarbeit. Und 63 Prozent äußern, die Chefs berücksichtigten die Meinung des Mitarbeiters nicht.

Überprüfen Sie Ihre Einstellung

Was konkret kann Gertrud Heller tun, um sich zu einer „besseren" Führungskraft zu entwickeln? Vor dieser Frage standen wir seinerzeit und wir möchten Ihnen jetzt berichten, welche Schritte wir gemeinsam mit der Abteilungsleiterin eingeleitet haben.

In Umgang mit ihrem Verkäufer hat Gertrud Heller so gut wie alles falsch gemacht, was sie bei der Mitarbeiterführung nur falsch machen kann: aggressiv vorgebrachte Kritik in der Gegenwart von Kollegen; den Mitarbeiter nicht zu Worte kommen lassen; den Sachverhalt allein aus ihrer Perspektive darstellen; Ausnutzung der Machtposition, um den Mitarbeiter zu disziplinieren. Das Problem dabei: Mit hoher Wahrscheinlichkeit wird Michael Schmitt das Führungsverhalten seiner Vorgesetzten auf seine Kundengespräche übertragen und im Kundenkontakt ein Verhalten an den Tag legen, das der Kundenorientierung, dem Vertrauensaufbau und der Notwendigkeit, im Kopf des Kunden zu denken, zuwiderläuft. Ausweg aus dem Dilemma bietet der Versuch, ein Vertrauensverhältnis zum Mitarbeiter aufzubauen und „in die Welt des Mitarbeiters einzutauchen". Dazu sind eine bestimmte Einstellung und ein Menschenbild notwendig, das den Mitarbeiter nicht als funktionales Rädchen interpretiert, welches gefälligst zu funktionieren hat, sondern ihn als Menschen respektiert, der prinzipiell in der Lage ist, eigenverantwortlich und selbstständig zu handeln. Sicher – er benötigt eventuell Hilfestellung, aber zunächst einmal sollte Frau Heller davon ausgehen, dass Herr Schmitt bereit ist, Verantwortung zu übernehmen.

Der erste Schritt für die Abteilungsleiterin besteht mithin darin, ihr Menschenbild zu überprüfen. Ist sie Anhängerin der Theorie X oder der Theorie Y? Die Untersuchungen des amerikanischen Wissenschaftlers Douglas McGregor sind als „Theorie X und Theorie Y" bekannt. Der Theorie X liegt ein eher negatives Menschenbild zugrunde: Menschen sind wenig motiviert, eigenständig und eigenverantwortlich zu arbeiten; demnach versuchen sie, Belastungen zu vermeiden, müssen mit Repressalien zur Arbeit gezwungen werden, scheuen Verantwortung und sind unfähig, Eigeninitiative zu entwickeln. Der entsprechende Führungsstil ist dann eher autoritär ausgeprägt. Theorie Y beschreibt ein eher positives und aufgeklärtes Menschenbild: Arbeit kann Befriedigung auslösen, Menschen sind willens, Verantwortung zu übernehmen, im Allgemeinen kreativ und bereit, ihre Fähigkeiten zum Wohle des Unternehmens einzusetzen. Die Voraussetzungen der Theorie Y führen zum partnerschaftlichen oder demokratisch-kooperativen Führungsstil. Beide „Menschenbilder" und Pole möglicher Führungsstile treten in der unternehmerischen Wirklichkeit auf, begleitet von zahlreichen Mischformen. Die Realität der Führungspraxis ist bunt wie ein Kaleidoskop – weil in einem Unternehmen nun einmal Menschen in einem sozialen Kontext miteinander kommunizieren und in vielfältigen Abhängigkeits- und sonstigen Beziehungen stehen.

✎ Übung

Die Strategien X und Y sind nur die (extremen) Pole, zwischen denen sich ein Menschenbild bewegen kann. Wir möchten Sie bitten, zu Ihrem persönlichen Strategieheft zu greifen und sich zu überlegen, wodurch Ihr Menschenbild geprägt ist: Wie würden Sie Ihr Menschenbild beschreiben?

Keine leichte Aufgabe – nehmen Sie sich Zeit dafür. Rufen Sie sich zwei Situationen ins Gedächtnis, an die Sie sich spontan erinnern: eine Situation, in der Sie einen Mitarbeiter heftig kritisiert haben, eine Situation, in der Sie gelobt haben. Was sagen die Beispiele über Ihr Menschenbild aus?

Menschliche Kompetenz im Vordergrund

Schwierig gestaltet sich „Führung" immer dann, wenn zwischen gefordertem und gelebtem Führungsverhalten eine Lücke klafft. Wenn zum Beispiel auf dem Papier das positive Menschenbild und der partnerschaftliche Führungsstil verpflichtend sind, in der Realität jedoch Theorie X und damit die Überzeugung, der Mitarbeiter sei Mittel zum Zweck, und der autoritäre Führungsstil dominieren. Führungskräfte, die sich – aus welchen Gründen auch immer – zur Theorie X bekennen, sollten den entsprechenden Führungsstil und die entsprechende Gesprächsführungsstrategie anwenden. Das wird nicht jedem Gesprächspartner gefallen, ist jedoch authentisch und damit glaubwürdiger: Mitarbeiter wissen, „woran sie sind" und können sich entsprechend einstellen. Fest aber steht: Wenn Sie ein positives Menschenbild haben und die Überzeugung leben, dass sich jeder Mitarbeiter prinzipiell motiviert und eigeninitiativ für die Interessen „seines" Unternehmens einsetzt, erleichtert das Ihre Führungspraxis erheblich.

Wahrscheinlich aber sind Sie unserer Meinung: Den richtigen und allein selig machenden Führungsstil gibt es allerdings nicht: Sind in dem einen Fall Mitarbeiterorientierung und Partnerschaftlichkeit die richtigen Begleiter auf dem Weg zum Ziel, sorgen sie im anderen Falle nur dafür, dass unüberwindbare Hindernisse aufgetürmt werden. Denn natürlich gibt es Situationen, in denen ein autoritäres Vorgehen sinnvoll ist – etwa dann, wenn Sie eine schnelle Entscheidung treffen müssen. Dennoch: Wir haben Frau Heller geraten, eine vertrauensvolle Beziehung zu ihren Mitarbeitern aufzubauen, indem sie sich weniger auf hemmende Verhaltensmuster fokussiert, nach dem Motto: „Die Mitarbeiter stehen ohnehin nur im Weg" – was Sie dabei beachten sollten, haben wir im ersten Teil dargestellt. Die Abteilungsleiterin konzentriert sich nun darauf, konstruktiv verlaufende

Mitarbeiterbeziehungen aufzubauen und derart „positiv gestimmt" auch in problematische Mitarbeitergespräche zu gehen.

Die menschliche und soziale Kompetenz der Führungskraft ist wichtiger als die Beherrschung von Techniken. Gesunder Menschenverstand, Fairness, Ehrlichkeit sowie Akzeptanz und Toleranz – das sind die Schlüsselkompetenzen der Führungskraft. Diese Kompetenzen im Umgang mit dem Mitarbeiter einzusetzen, ist anstrengender als das Führen by Machtwort – und zeitintensiver. Ihre Hauptaufgabe als Führungskraft besteht in dem Führen der Mitarbeiter – und nicht in der Optimierung von Arbeitsabläufen und der Planung von Konferenzen.

Situation und Person beachten

Motivationsgespräch, Kritikgespräch, Konfliktgespräch: Als Führungskraft werden Sie jeden Tag mit den verschiedensten Gesprächs- und Führungssituationen konfrontiert. Würden Sie lediglich über eine Gesprächsführungsstrategie verfügen und immer dieselbe Gesprächstechnik einsetzen – Ihre Gespräche wären zum Scheitern verurteilt. Eine geübte und gesprächserfahrene Führungskraft wählt für jedes der Gespräche einen anderen kommunikativen Ansatz: unterstützend-motivierend, konstruktiv-problemlösend, informierend, organisierend, zurechtweisend – je nach Situation und Mitarbeiter. Sie benötigen daher ein situations- und personenspezifisches Repertoire an Führungs- und Gesprächstechniken – dann können Sie individuell auf Mitarbeiter eingehen. Um in die „Welt des Mitarbeiters" einzutreten, ist eine hohe kommunikative Kompetenz notwendig. Mit Hilfe des aktiven Zuhörens und der verschiedenen Fragetechniken können Sie zum Beispiel herausfiltern, warum ein Mitarbeiter zu Fehlleistungen neigt – das hat auch Gertrud Heller schließlich gelernt.

Ein partnerzentriertes Gespräch, eine qualifizierte Fragetechnik und das aktive Zuhören sind also die Schlüssel, mit denen Sie das Tor zu der „Welt des Mitarbeiters öffnen" können. Im Gespräch mit dem Mitarbeiter sollten Sie daher:

- „Wie- und Warum-Fragen" stellen, die seitens des Mitarbeiters mehr als nur ein „Ja" oder „Nein", sondern eine ausführliche Antwort herausfordern.
- Fragen formulieren, in denen Sie die Gedankengänge des Mitarbeiters verarbeiten. So geben Sie ihm zu verstehen, dass Sie an seinen Ausführungen ein wirkliches Interesse haben.
- Informationsfragen stellen, mit denen Sie nähere Informationen zum Gesprächsgegenstand einholen.
- Alternativfragen stellen, die so formuliert sind, dass der Mitarbeiter seine Antwort aus den vorgegebenen Alternativen auswählen kann: „Legen Sie eher Wert auf eigenständiges Arbeiten oder die Unterstützung durch mich und die Kollegen?"
- mit Bestätigungsfragen die Antwort Ihres Gesprächspartners absichern: „Habe ich Sie richtig verstanden ...?" In dieselbe Richtung weist die Präzisierungsfrage: „Sie sagen, Sie legen Wert auf Bestätigung. Was genau meinen Sie damit?"
- die Gesprächstechnik des Nachfragens als aktive Form des Zuhörens nutzen, um Gesprächsinhalte zu klären. „Ich habe Sie noch nicht richtig verstanden, Herr Schmitt. Was genau heißt das, dass Sie konkrete Ziele benötigen, um Spaß an der Arbeit zu haben?" So helfen Sie dem Mitarbeiter, seine Überzeugungen noch deutlicher zu verbalisieren.

- die Äußerungen des Mitarbeiters mit eigenen Worten wiedergeben: „Wenn ich Sie richtig verstanden haben, meinen Sie also
  ..."

Um gut vorbereitet in ein Mitarbeitergespräch zu gehen, hilft das
Führen einer Mitarbeiter-Karteikarte, in der Sie alle wichtigen Angaben zu einem Mitarbeiter notieren: Angaben zur Person, Stabili-
tät/Instabilität des Selbstwertgefühls, Umgang mit Kritik, Konflikt-
verhalten, Kommunikationsverhalten, Verhalten in kritischen und
stressreichen Situationen – auch Informationen zum Privatleben des
Verkäufers gehören dazu. Diese Karte bildet die Grundlage, den
Mitarbeiter personen- und situationsorientiert zu führen. Eine solche
Mitarbeiter-Karteikarte könnte folgendermaßen ausschauen:

Beispiel für eine Mitarbeiter-Karteikarte:

Mitarbeiter-Karteikarte	*Notizen*
Name und Position:	
Angaben zur Person: Geburtstag, Hobbys:	
Selbstwertgefühl:	
Kritikverhalten, Umgang mit Kritik:	
Kommunikationsverhalten:	
Verhalten in Stresssituationen:	

Kritikverhalten und Zielorientierung

Eine weitere kontraproduktive Reaktion der Abteilungsleiterin in unserem Beispiel besteht in dem Kritikverhalten Gertrud Hellers. Statt Herrn Schmitt zwischen Tür und Angel und im Beisein der Kollegen zurechtzuweisen, wäre ein sorgfältig vorbereitetes Kritikgespräch angebracht gewesen – zum Beispiel mit Hilfe der Mitarbeiter-Karteikarte. Sprechen Sie in also in Ihren Kritikgesprächen Probleme offen an, geben Sie aber auch Lob und Anerkennung, wenn etwas gut gelaufen ist. Beziehen Sie die Perspektive des Mitarbeiters ein und versuchen Sie stets, sich in die Lage des anderen hineinzuversetzen und eine Angelegenheit auch aus der Sicht des Mitarbeiters zu betrachten. Ihr kommunikatives Leitbild dabei könnte die „tolerante Kommunikation" sein: Sie überreden den Mitarbeiter nicht, sondern überzeugen ihn mit dem „besseren Argument".

Die konkreten Kritikpunkte können Sie produktiv-konstruktiv vorbringen. Indem Sie in Feedbackgesprächen in die Zukunft gerichtete Verbesserungen und Problemlösungen in Gang setzen, schützen Sie die Selbstachtung des Kritisierten und geben ihm Gelegenheit zur Stellungnahme – Punkte, gegen die Gertrud Heller eklatant verstoßen hat. Schließen Sie dann das Gespräch mit einem Blick in die Zukunft ab: Legen Sie konkrete Ziele fest, in denen nicht schwammig und wenig konkret eine Umsatzsteigerung im Privatkundenbereich verlangt wird, sondern qualitativ und quantitativ fest umrissene Vereinbarungen getroffen und Aktivitäten festgelegt werden, die zur Zielerreichung führen. In regelmäßig stattfindenden Feedbackgesprächen geben Sie dem Mitarbeiter Rückmeldung über den Stand der Entwicklung. Solch eindeutige Vereinbarungen lassen sich zudem nachvollziehbar überprüfen: nachvollziehbar für Sie und den Mitarbeiter.

✎ Übung

Stellen Sie sich bitte vor, Sie müssten an einem Arbeitstag gleich mehrere wichtige Gespräche führen:

- Da ist zunächst einmal der Sachbearbeiter Hermann Müller. Er hat eine Lieferverzögerung bei der Aussendung eines neuen Werbeprospektes zu verantworten. Er reagiert derzeit auf Kritik sehr empfindlich.

- Dann erwarten Sie Ihre Mitarbeiterin Birgit Bayer. Sie hat die Verantwortung dafür zu tragen, dass das gerade neu ins Programm genommene Produkt am Markt nicht durchsetzbar ist. Sie hat sich schon einige Lösungsvorschläge überlegt, die sie Ihnen unterbreiten will.

- Dann folgt ein Gespräch mit einem wichtigen Geschäftspartner. Hier geht es um die letzten Verhandlungen zu einer groß angelegten Kooperation, die für Ihr Unternehmen von zukunftsweisender Bedeutung ist. Mit dabei: die Rechtsvertreter beider Unternehmen.

- Schließlich will die Abteilung einen neuen Sekretär einstellen – Sie müssen zwei Einstellungsgespräche führen.

- Zu guter Letzt steht noch ein wahrscheinlich unangenehmes Gespräch mit einem Mitarbeiter an, der erwiesenermaßen einen Kollegen mobbt.

An diesem Tage kommen also fünf vollkommen verschiedene Gesprächssituationen mit äußerst verschiedenen Personen auf Sie zu, wobei jedes Gespräch von einer anderen Zielsetzung bestimmt ist:

- ein Kritik- und Motivationsgespräch mit dem zurzeit sehr dünnhäutigen und kritikanfälligen Sachbearbeiter Müller.

- ein Konfliktlösungsgespräch mit Frau Bayer, in dem ein konstruktiver Ausweg aus der prekären Situation gefunden werden soll, so dass sich das Gespräch in Richtung eines Zielvereinbarungsgesprächs entwickeln wird.

- ein sensibles Verhandlungsgespräch mit juristischem Hintergrund.
- mehrere Einstellungsgespräche, die zur Besetzung einer wichtigen Schlüsselstelle im Backoffice führen sollen.
- ein emotionales, persönliches Mitarbeitergespräch, in dem Sie dem mobbenden Mitarbeiter eindeutig seine Grenzen aufzeigen müssen.

Nun überlegen Sie bitte – und notieren Sie Ihre Überlegungen in Ihrem persönlichen Strategieheft:

- Welche Gesprächsstrategien und -techniken setzen Sie jeweils ein?
- Verfügen Sie über genügend verschiedenartige Techniken, um allen fünf Herausforderungen gerecht werden zu können?
- In welchen Bereichen besteht Optimierungsbedarf? Wo müssen Sie zusätzliche Kompetenzen erwerben?

Kurz zusammengefasst

- Gesunder Menschenverstand, Fairness, Ehrlichkeit sowie Akzeptanz und Toleranz – das sind die Schlüsselkompetenzen der Führungskraft.
- Überprüfen Sie ständig Ihr Menschenbild und führen Sie mitarbeiterorientiert mit dem Ziel, zu dem Mitarbeiter eine Beziehung aufzubauen.
- Zu Ihren wichtigsten Aufgaben gehört es, zu den Mitarbeitern eine individuelle Beziehung aufzubauen – ohne sich zu verbiegen und sich auf eine Hierarchieebene mit ihnen zu begeben, aber mit der Zielsetzung, sie als gleichberechtigte Partner anzuerkennen, die gemeinsam an einem Strang ziehen, um unternehmerische Ziele zu erreichen.

- Führen Sie Ihre Mitarbeiter personen- und situationsabhängig und setzen Sie Ihre Führungs- und Gesprächstechniken personen- und situationsabhängig ein.
- Erarbeiten Sie sich ein möglichst umfangreiches Instrumentarium an mitarbeiterorientierten Führungs- und Gesprächstechniken – dann können Sie in die „Welt des Mitarbeiters" eintauchen. Dazu gehören vor allem kommunikative Qualifikationen wie das aktive Zuhören und die Fragetechniken.

Meine wichtigsten Erkenntnisse:

_____

_____

So setze ich das Gelesene konkret um:

_____

_____

Kapitel 7:
„Mensch" Mitarbeiter: Motivieren Sie individuell mit dem SuV-Prinzip

In Studien, Wirtschaftsmagazinen und Zeitungen beschreiben Experten immer wieder, worauf es bei der Führungsarbeit ankommt: Führungskräfte sollen mit ihren Mitarbeitern klare Zielvereinbarungen treffen, zu denen sie deren Commitment einholen müssen. Eine wichtige Rolle spielen ein auf Mitarbeiterpartizipation beruhender Führungsstil, eine gute Informations- und Kommunikationskultur sowie das Führen mit Lob und Anerkennung. Hinzu kommt: Die Führungskräfte sollen ihre Mitarbeiter bei der Aufgabenerfüllung unterstützen, indem sie ihnen genügend Entscheidungsspielräume verschaffen und Platz lassen für eigenverantwortliches und selbstständiges Arbeiten. Daher sollte eigentlich bekannt sein, welche Faktoren bei Mitarbeitern zur Demotivation führen und welche Bedingungen erfüllt sein müssen, damit die Motivationsfaktoren greifen und bei den Mitarbeitern auf Akzeptanz stoßen. Nur: Warum klappt es nicht mit der Motivation und der mitarbeiterorientierten Führung? Wie sieht es diesbezüglich bei Ihnen aus? Stellt „Motivation" für Sie ein Problem dar? Wenn dem so ist, liegt es vielleicht daran, dass Sie bei der Führungsaufgabe „Motivation" nicht individuell genug vorgehen.

„Schmerzhebel" und „Freudehebel"

Grundsätzlich gibt es zwei Hebel, an denen Motivation ansetzen kann: den „Schmerzhebel" und den „Freudehebel". Das heißt: Sie können einen Mitarbeiter motivieren, indem Sie ihm vor Augen führen, welche unerwünschten Konsequenzen sein Verhalten hat, etwa: „Wenn du nicht genügend Umsatz machst, sinkt deine Provision.

Also, lieber Verkäufer, streng dich an!" Grundgedanke dieser Motivationsstrategie ist, dass der Mitarbeiter schließlich, um „Schmerz" zu vermeiden, bestimmte Verhaltensweisen an den Tag legt.

Die zweite grundsätzliche Motivationsstrategie fußt auf folgender Überlegung: Ein Mitarbeiter lässt sich motivieren, indem ihm ein Ziel oder eine Vision veranschaulicht wird, das er durch sein Verhalten erreichen kann. Er lässt sich mithin motivieren, indem ihm die Erreichung eines Ziels in Aussicht gestellt wird, das ihm „Freude" und ein gutes Gefühl bereitet: „Wenn du es schaffst, das Umsatzziel zu erreichen, winkt dir eine kräftige Provision."

So einfach dieses psychologische Modell ist, so bestimmend ist es für die Führungspraxis vieler Führungskräfte, die in aller Regel nur einen der Hebel betätigen – den „Schmerzhebel" oder den „Freudehebel". Dann heißt es: „Meine Verkaufsmannschaft braucht Druck, damit sie Spitzenleistungen erbringt." Die Motivations- und Führungsinstrumente, die zum Einsatz gelangen, heißen zum Beispiel Entgelt- und Bonus-Systeme oder teure Incentive-Reisen. Viele Führungskräfte setzen im Führungs- und Motivationsprozess eindimensional und unflexibel immer nur an einem der Hebel an und lassen neben der Vielschichtigkeit der Motivationsfaktoren die Tatsache außer Acht, dass Menschen einzigartig und individuell sind. Und so scheren sie ihre Mitarbeiter allesamt über einen groben Kamm, ohne die Individualität ihrer Motivationsstruktur zu berücksichtigen. Die Kunst modernen Führens besteht daher darin, bei der Mitarbeiterführung, der Mitarbeitermotivation und im konkreten Motivationsgespräch beide Aspekte zu berücksichtigen – den „Schmerz-" und den „Freudehebel" – und flexibel auf die Motivationslage des Mitarbeiters einzugehen.

Der Normalfall: verschiedene Gesprächssituationen

Im letzten Kapitel haben wir bereits dargestellt, dass auf eine Führungskraft in aller Regel eine Vielzahl an verschiedenen Gesprächssituationen zukommt. Das gilt auch für den Bereich der Motivation – wie folgendes Beispiel zeigt, bei dem wir auch wieder die Namen der Protagonisten geändert haben.

Matthias Wegmann, Verkaufsleiter, muss an diesem Morgen zwei wichtige Gespräche führen: Da ist zunächst einmal der Projektmanager Hermann Distel. Er hat es versäumt, den Innendienst rechtzeitig davon zu unterrichten, dass eine wichtige Telefonaktion ansteht, durch die potenzielle Neukunden angesprochen werden sollen – mit dem Ziel, Präsentationstermine für den Außendienst zu vereinbaren. Die ganze Aktion steht nun in Frage. Hermann Distel ist ein eher lethargischer Mitarbeiter, der konkrete Arbeitsanweisungen und Unterstützung benötigt. Da er zurzeit private Schwierigkeiten hat und ihm nicht zuletzt deswegen des Öfteren Fehler unterlaufen, ihm aber ein ausbalanciertes Verhältnis zwischen Privat- und Berufsleben sehr wichtig ist, befindet er sich in einem „Motivationsloch".

Danach erwartet der Verkaufsleiter seine Top-Verkäuferin Claudia Mengede. Sie arbeitet sehr eigeninitiativ und selbstverantwortlich, dringt stets von selbst darauf, mit ihrem Vorgesetzten konkrete Ziele zu vereinbaren. Neben ihrem persönlichen Ziel, stets die „Nummer 1" der Verkaufsmannschaft zu sein, verfolgt sie das Ziel, bei einem Unternehmen zu arbeiten, das in der Öffentlichkeit als renommiertes Unternehmen anerkannt ist – der Ruf ihres Arbeitgebers liegt ihr sehr am Herzen. Andererseits führt ihre hohe Eigenmotivation dazu, dass sie manchmal ein wenig verächtlich auf diejenigen Kollegen herabsieht, die nicht so zielstrebig und erfolgreich wie sie selbst arbeiten. Deswegen kommt es regelmäßig zu Spannungen innerhalb des Verkaufsteams.

Matthias Wegmann will also mit zwei äußerst verschiedenen Persönlichkeiten Gespräche führen, die jeweils von einer anderen Zielsetzung bestimmt sind: ein Kritik- und Motivationsgespräch mit dem Projektmanager und ein Zielvereinbarungsgespräch mit der intrinsisch motivierten Spitzenverkäuferin, bei dem der Verkaufsleiter auf die Konfliktsituation mit den Kollegen eingehen möchte.

Die Herausforderung: mehrdimensionale Strategien

Stellen Sie sich nun bitte vor, Matthias Wegmann würde in beiden Gesprächen entweder nur den „Schmerzhebel" oder nur den „Freudehebel" betätigen: Die Gespräche würden wohl in einem Fiasko enden. Setzt er am Druckhebel an, erreicht er vielleicht etwas bei dem Projektmanager. Bei Frau Mengede jedoch führt diese Vorgehensweise zur Demotivation. Verlässt er sich auf das Führen mit Zielen und Visionen, ist das Gespräch mit Herrn Distel zum Scheitern verurteilt. Leider ist die Angelegenheit noch komplizierter. Denn selbst, wenn der Verkaufsleiter personenspezifisch vorgeht und hier den „Druckhebel" und dort den „Freudehebel" als grundsätzliche Gesprächsstrategie anwendet, wird er der spezifischen Situation seiner beiden Mitarbeiter kaum gerecht werden können. Obwohl die Vermutung nahe liegt,

- bei Hermann Distel eher Druck auszuüben, ihn klar auf seine Versäumnisse hinzuweisen und eindeutige Anweisungen zu geben, wie Fehler in Zukunft vermieden werden können, und

- bei Claudia Mengede das Führen mit Visionen und Zielen zu beherzigen und ihr aufzuzeigen, wie sehr ihr verkäuferisches Potenzial dazu beiträgt, das Unternehmen voranzubringen,

greift die personenorientierte Variante zu kurz. Denn es ist zumindest überlegenswert, ob der Verkaufsleiter bei dem Innendienstler aufgrund seiner privaten Situation nicht Elemente des Führens mit Visionen einsetzen sollte, bei Frau Mengede hingegen auch den „Druckhebel" ins Spiel bringen müsste, um ihr Innenverhältnis mit den Kollegen zu verbessern. Flexibilität, Differenzierung, die Beachtung der Charaktere der zwei Mitarbeiter sowie die spezifische Situation, in der sich Innendienstler und Verkäuferin befinden – all diese Aspekte und Facetten muss Matthias Wegmann berücksichtigen.

✎ Übung
Wie würden Sie die zwei Gespräche angehen? Welche Vorgehensweise, welche Gesprächsstrategie würden Sie einsetzen? Bevor Sie lesen, was wir Herrn Wegmann vorgeschlagen haben, notieren Sie bitte Ihre Überlegungen und Ideen in Ihrem persönlichen Strategieheft.

Die Lösung: differenzierte Vorgehensweise

Als sich Herr Wegmann seinerzeit bei uns im Coaching befand, haben wir mit ihm folgende Vorgehensweise herausgearbeitet – die er dann mit Erfolg auch angewendet hat:

- Matthias Wegmann macht den Innendienstmitarbeiter auf seine hohe Fehlerquote aufmerksam, beschreibt die negativen Folgen für das Unternehmen, die Abteilung und ihn selbst und erarbeitet

mit Hermann Distel Lösungsmöglichkeiten zur Fehlervermeidung. Außerdem berücksichtigt er die spezifische Situation des Mitarbeiters: „Wir werden für Sie einen Ziel- und Zeitplan aufstellen, den ich kontrollieren kann, um so Fehler möglichst auszuschließen. Zugleich wird der Plan Ihre private Situation berücksichtigen, so dass Ihnen Zeit bleibt, sich darum zu kümmern und zudem Ihre Aufgaben in Ihrem Sinne und im Sinne des Unternehmens optimal zu erfüllen. Denn ich glaube, Sie können am meisten für uns leisten, wenn Sie sich beruflich und privat wohl fühlen." So verabreicht der Vorgesetzte eine Portion „Schmerz" und zieht die Tatsache ins Kalkül, dass für Hermann Distel private Ziele zumindest ebenso wichtig sind wie berufliche.

-   Im Gespräch mit seiner Spitzenkraft vereinbart der Verkaufsleiter einerseits wieder hoch gesteckte Ziele. Andererseits appelliert er an die Kooperationsbereitschaft der Verkäuferin: „Mit Hilfe dieser Ziele tragen Sie dazu bei, uns weiter nach vorn zu bringen, Frau Mengede, vielen Dank. Bedenken Sie jedoch, dass wir nur als Team stark sind. Nur wenn auch Ihre Kollegen besser werden, lassen sich die ambitionierten Ziele unserer Abteilung erreichen. Vielleicht können Sie die Kollegen dabei unterstützen?" Matthias Wegmann betätigt ausgiebig den „Freudehebel" und verdeutlicht im selben Atemzug, dass Frau Mengede ihre Ziele besser erreichen kann, wenn sie sich kooperationsbereiter zeigt und bereit ist, Teamgeist zu zeigen.

Das SuV-Prinzip: Wie Sie mit *Schmerz* *u*nd *V*isionen führen

Die dargestellte Kombination von Schmerz und Freude, von „Führen mit Schmerz" und „Führen mit Visionen" nennen wir das SuV-Prinzip. Und auch hier ist Ihre kommunikative Kompetenz gefragt: Eröffnen Sie das Gespräch positiv, loben und anerkennen Sie Leis-

tungen, nutzen Sie die Fragetechnik der „offenen Frage", um Ursachen für Demotivation und Ansatzpunkte für Motivation aufzuspüren. Hören Sie aktiv zu, präsentieren Sie Kritikpunkte und Verbesserungsvorschläge in Form von Ich-Botschaften. Weichen Sie Kommunikationsfallen und -störungen durch permanentes Verbalisieren und Paraphrasieren aus, indem Sie die Äußerungen des Gesprächspartners in Ihren eigenen Worten wiedergeben („Verbalisieren") und Fragen formulieren, in denen Sie die Gedankengänge des Gesprächspartners verarbeiten („Paraphrasieren").

Der wichtigste Aspekt aber ist: Vermeiden Sie jede eindimensionale Führungs- und Motivationsstrategie – so können Sie herausfinden, um welchen Motivationstyp es sich bei dem Mitarbeiter handelt und auf welchen „Motivator" er anspricht (die folgende Übersicht zeigt einige der „Motivatoren"). Und dann können Sie den gesamten Handwerkskasten erfolgreicher Führung und Motivation einsetzen: situations- und personenangemessen sowie unter Nutzung des Prinzips „Führen mit Schmerz und Visionen".

Motivationsmuster

Wer Mitarbeiter individuell motivieren will, muss wissen, welche möglichen Motivationsmuster es gibt. Nachfolgend einige Muster zur Auswahl:

- das Motivationsmuster „Leistung/Tätigkeit/Selbstverwirklichung". Eine befriedigende Arbeit, die Raum bietet zur freien Entfaltung der eigenen Leistungsmöglichkeiten, zum Ausleben der Werte, die dem Mitarbeiter wichtig sind, und der Erreichung selbst gesetzter Ziele – dieser Aspekt gehört gleichzeitig zu den wichtigsten und schwierigsten, da ihn jeder Mensch mit einem anderen Inhalt füllen wird.

- das Motivationsmuster „Identifikation mit Unternehmen und Unternehmenszielen". Voraussetzung ist das Vorhandensein einer klaren Unternehmensphilosophie. Sinn macht es, zwischen jungen und älteren Mitarbeitern zu unterscheiden. Die Erfahrung zeigt, dass gerade ältere Mitarbeiter aufgrund schlechter Erfahrungen der Identifikation mit dem Unternehmen reserviert gegenüberstehen.

- das Motivationsmuster „Wir-Gefühl/Kontaktbedürfnis". Nicht jeder Mitarbeiter möchte in das Team-Boot einsteigen, so mancher bevorzugt den einsitzigen Kajak. Stark individualistisch geprägte Mitarbeiter erfordern eine andere Vorgehensweise als diejenigen, die altruistisch eingestellt sind. Zudem müssen Sie reflektieren, inwiefern Teamarbeit und „Wir-Gefühl" zu der Unternehmenskultur passen.

- das Motivationsmuster „Lob/Verstärkung". Auch hier sollten Sie differenzieren: Die „Lob-Dosierung" bei den Mitarbeitern ist sehr unterschiedlich anzuwenden. Der antriebsschwache Mitarbeiter benötigt mehr Lob und Anerkennung als der selbstsichere Mitarbeiter, der über ein hohes Maß an Eigenmotivation verfügt. Bei ihm kann ein Zuviel an systematischem Lob sogar kontraproduktiv wirken – er fragt sich dann, ob Ihr Lob ehrlich gemeint ist.

- das Motivationsmuster „Finanzielle Verstärkung". Gewiss spielt in jeder Motivationsstruktur der ökonomische Aspekt eine Rolle. Die Frage ist, ob die Motivationsstruktur Ihres Mitarbeiters vom Besitz materieller Dinge allein beeinflusst wird oder inwieweit sie ihre Bedeutung vom jeweils angestrebten Ziel (etwa soziale Anerkennung, Hausbesitz, aber auch Sicherheitsbedürfnis) erhält.

- das Motivationsmuster „Status/Geltung/Macht". Oft sind es die aufstrebenden und loyalen Mitarbeiter, bei denen dieses Muster

eine dominante Rolle spielt. Eher introvertierte Mitarbeiter allerdings werden durch die Aussicht, von anderen bewundert und
geachtet zu werden, abgeschreckt.

- das Motivationsmuster „Kreativitätsentfaltung". Jeder Mensch
  befriedigt als homo ludens („spielender Mensch") gerne seinen
  Spiel- und Kreativitätstrieb. Und vielen Mitarbeitern ist ihr Arbeitsplatz vor allem deshalb wichtig, weil sie dort ihre Kreativität entfalten können.

- das Motivationsmuster „Privatleben". Für viele Menschen besitzen Freizeit und Familienleben einen hohen Stellenwert. In dem
  Gespräch sollten Sie bedenken, dass sich die Motivationsstruktur
  des Mitarbeiters wahrscheinlich nicht allein aus beruflichen
  Quellen nährt.

✎ Übung

Wählen Sie zwei Mitarbeiter aus und versuchen Sie in Ihrem persönlichen Strategieheft eine Beschreibung der „Motivationsmuster" der
Mitarbeiter. Welche Motivatoren sind für sie entscheidend?

Vertrauen oder nicht vertrauen?

Einer unserer Seminarteilnehmer, dem wir das SuV-Prinzip erläuter-
ten, stellte uns die Frage, ob denn nun das „Führen mit Kontrolle"
oder das „Führen mit Vertrauen" zu bevorzugen sei. Vielleicht haben auch Sie sich diese Frage gestellt. Die Lösung liegt, wie so oft,
in der goldenen Mitte des „Sowohl-als-auch". Genauso wie Sie beim
SuV-Prinzip beide Pole beachten sollten, sollten Sie einen Ausgleich
zwischen Kontrolle und Vertrauen finden. Denn ob der Kontrolle
oder dem Vertrauen im Prozess der Mitarbeiterführung der Vorrang
gebührt, ist von zahlreichen Aspekten abhängig, etwa von der Un-

ternehmenskultur und der Unternehmensphilosophie. In einem hierarchisch geprägten Unternehmen mit traditioneller Ablauforganisation wird eine Führungskraft, die auf einmal das Vertrauensverhältnis zwischen Vorgesetzten und Mitarbeitern betont, wahrscheinlich mit Unverständnis, ja, vielleicht sogar mit misstrauischen Blicken rechnen müssen. In einer Firma, in der die Kommunikationswege offen sind, die Information frei fließt und den Mitarbeitern ein hoher Grad an Eigenverantwortung übertragen ist, käme die Einführung von Kontrollmechanismen einer Palastrevolution gleich. Andererseits sollen Mobbing und Ränkespiele auch in solchen Unternehmen schon beobachtet worden sein – während eine ausgeprägte Vertrauenskultur gerade in patriarchalischen Unternehmen vorkommt, deren Entstehungsgeschichte auf einem „Gründermythos" beruht.

Hinzu kommt: Das Verhältnis zwischen Kontrolle und Vertrauen ist abhängig vom Reifegrad der Beteiligten. Für die junge Führungskraft mag es legitim sein, mehr auf Kontrolle zu setzen, um so Sicherheit zu gewinnen. Die langjährige und erfahrene Führungskraft, die „ihre Pappenheimer" kennt, traut sich eher, auf Vertrauen zu setzen. Und dann ist da noch der Mitarbeiter, der die Kontrolle allein schon deswegen benötigt, um seine eigenen Leistungen einschätzen zu können. Ihm gegenüber steht der Kreativler, der seine Aufgaben dann optimal löst, wenn der Chef seinen manchmal unkonventionellen Methoden und Ideen vertraut. Dem die Führungskraft jedoch dann auf die Finger schauen muss, wenn es um Arbeitsbereiche geht, die ein methodisches und systematisches Vorgehen erfordern.

Bei der Beantwortung der Frage „Kontrolle oder Vertrauen" scheint die Regel die Ausnahme zu bestätigen. Denn jede einseitige Prioritätensetzung vereinfacht den hoch komplexen Führungsprozess auf unzulässige Weise.

Führungskräfte sollten den situativen Führungsstil beherzigen und in Abhängigkeit von der konkreten Situation und den beteiligten Mitarbeitern entscheiden, wie viel Vertrauen sie schenken wollen und wie viel Kontrolle sie anwenden müssen. Wer kontrollieren will oder muss, sollte dabei seine Bewertungsmaßstäbe transparent machen: Auch weitgehende Kontrollinstrumente werden akzeptiert, wenn sie nachvollziehbar und gerecht sind.

Kurz zusammengefasst

- Mitarbeiter müssen individuell motiviert werden.
- Betätigen Sie bei der Mitarbeitermotivation den „Schmerzhebel" und den „Freudehebel" gleichermaßen – je nach Mitarbeiter und Situation. Berücksichtigen Sie das Motivationsmuster des Mitarbeiters.
- Führen Sie mit „Schmerz" und „Visionen"!
- Wenden Sie den situativen Führungsstil an und entscheiden Sie in Abhängigkeit von der konkreten Situation und den beteiligten Mitarbeitern, wie viel Vertrauen Sie schenken wollen und wie viel Kontrolle Sie anwenden müssen.

Meine wichtigsten Erkenntnisse:

So setze ich das Gelesene konkret um:

Kapitel 8:
Klare Ziele: Führen mit Commitment-Kultur

Einer unserer Coachees, Vertriebsleiter eines mittelständischen Unternehmens, erzählte uns von dem folgenden Problem in seiner Abteilung: Seit Jahresbeginn waren allen Mitarbeitern der Vertriebsabteilung die Umsatz- und Ertragsziele bekannt: 10 Prozent mehr sollten es in dem Jahr werden. Doch schon Mitte des Jahres zeichnete sich ab: Diese Zahl wird kaum zu realisieren sein. Eilig setzte der Vertriebsleiter einen Termin für ein Meeting an. Er stand unter erheblichem Druck – die Geschäftsführung erwartete von ihm, am Jahresende jene zehnprozentige Steigerung als Erfolgsmeldung auf den Tisch gelegt zu bekommen. Entsprechend heiß ging es in der Diskussion in dem Meeting zu. Gegenseitige Schuldzuweisungen, Hinweise, das habe der Vertriebsleiter doch damals „ganz anders ausgedrückt", entschuldigende Rechtfertigungen der Außendienstler, „das habe man aber doch etwas anders verstanden" – und überhaupt: „Es ist doch erst die Hälfte des Jahres vorbei, noch steht genügend Zeit zur Verfügung, um das angestrebte Ziel zu verwirklichen!" Dies war auch die einzige Hoffnung, die dem Vertrieb verblieb, denn ein Notfallplan für eine Situation, die Umsatz- und Ertragsziel in weite Ferne rückt, existierte nicht.

Mitarbeiterführung durch Aktivitäten

Das Beispiel verdeutlicht, warum es mit der Commitment-Kultur in vielen Vertriebsabteilungen im Besonderen und Unternehmen im Allgemeinen schlecht bestellt ist und unklare Zielvereinbarungen zu den gefräßigsten Umsatzkillern gehören:

- Ziele werden nicht eindeutig festgelegt und kommuniziert.

- Ziele werden lediglich an Umsatz- und Ertragszahlen festgemacht, statt sie auf konkrete Aktivitäten herunterzubrechen, die messbar, nachprüfbar und individualisierbar sind.
- Die Ziele sind nicht aus einer Strategie abgeleitet.
- Zielvereinbarungen werden denjenigen, die sie letztendlich umsetzen müssen, übergestülpt, statt sich in einem Diskussionsprozess der Zustimmung der Beteiligten – in dem Beispiel also der Außendienstmitarbeiter – zu versichern.
- Es wird versäumt, frühzeitig festzulegen, welche Maßnahmen notwendig sind, falls sich die angestrebten Ziele als unrealistisch erweisen.

Wie können Sie als Führungskraft für eine ausgeprägte Commitment-Kultur in Ihrer Abteilung oder Ihrem Unternehmen sorgen, die von allen Mitarbeitern akzeptiert und mitgetragen wird? Herzstück einer Commitment-Kultur ist, dass die Zielfestschreibungen nicht aus einem reinen Zahlenwerk à la „10 Prozent mehr Umsatz bis Jahresende" bestehen dürfen. Vielmehr sollten Sie mit jedem Ihrer Mitarbeiter Aktivitäten und Strategien vereinbaren, die zeitlich und qualitativ klar beschrieben sind und mit denen sich der Mitarbeiter einverstanden erklärt. Während jene Umsatzsteigerung das Ziel darstellt, beschreibt die Strategie- und Aktivitätenliste den Weg, der zur Zielerreichung führt. Schalten Sie der Zielsetzung also ein operatives Maßnahmencontrolling vor.

Der genannte Vertriebsleiter vereinbarte schließlich mit jedem einzelnen Verkäufer die strategische Vorgehensweise und genaue Maßnahmen, zum Beispiel: pro Woche sechs Termine mehr vereinbaren, zehn Neukunden mehr ansprechen, vier zusätzliche Kundenbesuche absolvieren – Parameter, die gemessen, überprüft und zudem auf die individuelle Situation eines jeden einzelnen Außendienstmitarbeiters angepasst werden können. Denn während der eine Verkäufer sein

Potenzial eher ausschöpfen kann, indem er seine Kaltakquisition verstärkt, liegt die Stärke der Kollegin darin, Stammkunden mit neuen und maßgeschneiderten Angeboten zu überzeugen.

Zielvereinbarungen: Wegweiser zum Erfolg

„Wer nicht weiß, in welchen Hafen er segeln will, für den ist kein Wind der richtige", so bereits der Philosoph Seneca vor fast 2.000 Jahren. Ziele sind die Wegweiser zum Erfolg – das gehört zum Allgemeinwissen jedes Management-Praktikers. Doch nicht nur einzelne Abteilungen im Unternehmen sollten in der Lage ist, Ziele zu formulieren und zu kommunizieren und daraus einen Aktivitätenplan abzuleiten. Bereits die Geschäftsführung eines Unternehmens sollte eine verbindliche Unternehmenszielsetzung erarbeiten: Es genügt nicht, eine Commitment-Kultur nur in Ihrer Unternehmensabteilung zu etablieren. Hinzukommen muss eine strategisch und operativ ausgerichtete Unternehmenszielsetzung. So wird Ihnen als Führungskraft auch die Umsetzung erleichtert.

Der Unternehmensberater und Managementtrainer Werner Siegert hat in seinem Buch „Ziele – Wegweiser zum Erfolg" Schritt für Schritt dargelegt, wie das Management eine bereichs- und abteilungsübergreifende Unternehmenszielsetzung festlegt, aus der sich die Bereichsziele, die Abteilungsziele und schließlich die Wochen-, ja Tagesziele der Mitarbeiter ableiten lassen. Diese konsequente Zielvereinbarungspolitik garantiert, dass sich „auf den Schreibtischen" der Mitarbeiter, also in den einzelnen Mitarbeiterzielen, die umfassende Unternehmenszielsetzung widerspiegelt. Eine Commitment-Kultur in einer Unternehmensabteilung ist zumindest leichter zu bewerkstelligen, wenn das gesamte Unternehmen den Geist konsequenter Zielvereinbarungen atmet – und alle Führungskräfte es als ihre vordringliche Führungsaufgabe ansehen, eine Commitment-Kultur in ihrer jeweiligen Abteilung zu verankern.

Wie Sie in vier Schritten zum Ziel kommen

Wie also können Sie die Voraussetzungen schaffen, die Pflanze einer Commitment-Kultur zum Blühen zu bringen? Dazu sind vier Schritte notwendig, die wir anhand des Beispiels des bereits beschriebenen Unternehmens darstellen:

Schritt 1: Ist-Situation feststellen
Im ersten Schritt analysieren Sie den Ist-Zustand Ihrer bisherigen Zielvereinbarungspolitik:

- Nutzen Sie das Instrument „Führen mit Zielen" überhaupt?
- Wie nutzten Sie es bisher? Gibt es Zielvereinbarungen für die gesamte Abteilung und für die einzelnen Mitarbeiter? Wie schauen diese Ziele aus?
- Ist die Zielerreichung überprüft worden und welche Ergebnisse hat die Überprüfung ergeben?
- Woran liegt es in aller Regel, wenn die Ziele nicht realisiert werden? In welchen Bereichen liegt also Optimierungspotenzial brach? Nimmt der Verkäufer Müller nicht genügend Kundentermine wahr? Wie ist es um seine Abschlussquote bestellt? Wie viele Telefonkontakte schafft er – am Tag, in der Woche, mit Stammkunden, mit Neukunden?
- Welche Potenziale werden bei welchem Mitarbeiter noch nicht genutzt?

Schritt 2: Sollwerte festlegen

Je differenzierter Ihre Analyse ausfällt, desto mehr Anhaltspunkte für Verbesserungsmöglichkeiten gewinnen Sie. Der zweite Schritt besteht in der Strategie- und Aktivitätenplanung. Mit Hilfe der Analyseergebnisse vereinbaren Sie gemeinsam mit jedem einzelnen Mitarbeiter Aktivitäten, durch die er von einem gegebenen Istwert zu einem angestrebten Sollwert gelangt:

- Der Außendienstmitarbeiter Müller nimmt nicht mehr nur – wie in der Analyse festgestellt – drei, sondern fünf Termine in der Woche bei Stammkunden mit dem Einkaufspotenzial X wahr.
- Der Verkäufer Henninger ruft jede Woche 30 potenzielle Neukunden an, vereinbart drei Kundentermine und hakt bei 10 Neukunden nach, bei denen das Erstgespräch keine konkreten Ergebnisse gebracht hat.
- Die Verkäuferin Meyer besucht jede Woche einen Schlüsselkunden mit dem Ziel, ein bestimmtes Umsatzziel zu erreichen (Strategie).

Die Beispiele zeigen die Bedeutung der konkreten Maßnahmenvereinbarungen, die schriftlich fixiert werden: Sie lassen sich in fest umrissene Aufgaben und Strategien fassen und sind messbar sowie nachprüfbar.

Schritt 3: Ergebnisse überprüfen

In einem dritten Schritt evaluieren Sie das Ergebnis der Aktivitätenplanung. Ergibt das Maßnahmen-Controlling zum Beispiel, dass der Verkäufer Henninger seine 30 Anrufe bei potenziellen Neukunden nicht schafft, müssen Sie nicht darüber mit ihm diskutieren, warum er ein ominöses Ertragsziel verfehlt, sondern warum es ihm schwer fällt, das konkret vereinbarte Ziel nicht zu erreichen:

- Ist er nicht der richtige Mann auf dem richtigen Arbeitsplatz? Liegen seine Stärken weniger in der Kaltakquisition, sondern vielmehr in einem anderen Bereich?
- Ist es sinnvoll, Herrn Henninger eine Weiterbildungsmaßnahme anzubieten?
- Benötigt er Unterstützung – durch einen Kollegen, durch den Vorgesetzten – oder durch ein Call-Center? Ein erfahrener Kollege unterstützt ihn durch ein Telefon-Coaching und gibt ihm Tipps, mit welcher Strategie er die Ansprache der Neukunden verbessern kann. Stimmt die Qualität der Adressen nicht, sorgt die Vertriebsleitung für bessere Adressen. Ein Call-Center überprüft, ob die Adressliste die aktuellen Ansprechpartner enthält – Herr Henninger wird von zeitraubenden „Nachforschaktionen" entlastet.

Die aktivitätenbasierte Mitarbeiterführung hat für das Unternehmen nicht nur den Vorteil, dass Zielvereinbarungen konkretisiert werden können und der Vertriebsleiter genauen Aufschluss über die angestrebte und tatsächliche Leistungsfähigkeit seines Mitarbeiters erhält. Sie ermöglicht es ihm zudem, Schwächen und Stärken seiner Verkäufer besser zu erkennen und die entsprechenden Maßnahmen zu ergreifen.

Schritt 4: Maßnahmenplan aufstellen und umsetzen
In einem vierten Schritt legen Sie mit dem Mitarbeiter Maßnahmen fest, die ihm helfen, die Vereinbarungen zu erreichen. In dieser Phase ziehen Sie die Konsequenzen aus dem bisherigen Zielvereinbarungsprozess, die wiederum beide Beteiligte mittragen:

- Der Mitarbeiter bringt zum Ausdruck, was er selbst bereit ist zu tun, um die vereinbarten Ziele zu verwirklichen,

- Der Mitarbeiter bringt zum Ausdruck, welche Unterstützung er sich von Ihnen dabei erhofft,
- Sie unterbreiten Vorschläge, wie Sie ihn unterstützen wollen.

Bei der aktivitätenbasierten Mitarbeiterführung erhalten Ihre Mitarbeiter handfeste und konkrete Aufgabenbeschreibungen – ihnen fällt es wahrscheinlich leichter, mehrere kleinere Teilziele zu verfolgen als das große Gesamtziel „Umsatzsteigerung um 10 Prozent". Und so trägt die aktivitätenbasierte Mitarbeiterführung auch zur Motivation Ihrer Mitarbeiter bei, weil sie nicht schwammig formulierte und in zeitlicher Ferne liegende und damit kaum einschätzbare Ziele verfolgen müssen, sondern detailliert formulierte und kommunizierte Teilziele, die auf ihre vorhandenen und möglichen Leistungspotenziale Rücksicht nehmen und in einem überschaubaren Zeitrahmen erreichbar sind – und somit zu motivierenden Erfolgserlebnissen führen.

In einer gedeihenden Commitment-Kultur stehen immer wieder Feedbackgespräche mit den Mitarbeitern an, in denen nicht das „große Ziel", sondern die zahlreichen überschaubaren Teilziele im Mittelpunkt stehen, für deren Erreichung Sie Lob und Anerkennung spenden können. Gelingt es Ihren Mitarbeitern hingegen nicht, eine Aktivität zu realisieren, steht die Diskussion konstruktiver Verbesserungsvorschläge im Vordergrund. Eine klug organisierte Commitment-Kultur stärkt – dies ein „angenehmer Nebeneffekt" – das Selbstbewusstsein Ihrer Mitarbeiter und setzt Energien frei für die Erreichung auch ambitionierter Ziele.

Pro-aktiv handeln sichert Ihre Ziele

Ein praxisorientiertes Hilfsmittel, denjenigen Mitarbeiter, der vereinbarte Ziele nicht erreicht, pro-aktiv zu unterstützen, besteht darin, von vornherein gemeinsam mit ihm Lösungen für mögliche Hindernisse zu vereinbaren. Nehmen wir an, Sie legen mit Ihrem Verkäufer Herbert Scholz, die Aktivität „Jeden Tag fünf Telefonate mit Neukunden führen" fest. Bereits *im Vorfeld* besprechen Sie mit ihm mögliche Hindernisse, die ihn eventuell davon abhalten könnten, die Vereinbarung einzuhalten – etwa unerwartete Urlaubsvertretung oder Zeitmangel – und entwickeln eine Lösung, die darin bestehen kann, ihm die Bearbeitung der Telefonate „im Paket" vorzuschlagen: Er bündelt die Telefonate zu einem Aufgabenpaket und spart so Zeit. Wenn Herbert Scholz es nun tatsächlich nicht schafft, jene fünf Telefonate am Tag zu führen, kann er nicht auf die Begründung verweisen, er habe keine Zeit oder unerwartet die Vertretung eines urlaubenden Kollegen übernehmen müssen – denn dazu haben Sie mit ihm schon eine Lösung erarbeitet.

Wenn er dann eine andere Begründung vorbringt, etwa eine Krankheit, entwickeln Sie wiederum eine Alternative, die Sie in eine konkrete Vereinbarung fassen. So entsteht eine Liste mit Lösungen für Probleme, die sich permanent fortschreibt und erweitert. Der Vorteil: Sie unterstützen den Mitarbeiter durch problemlösungsorientierte Vereinbarungen, und er kann sich nicht mehr „herausreden" – das soll ja vorkommen –, wenn er eine Vereinbarung wegen eines Grundes nicht einhält, für den bereits eine Lösung existiert.

Commitment-Kultur und aktivitätenbasierte Mitarbeiterführung bewirken eine Erweiterung Ihrer regelmäßig stattfindenden Zielvereinbarungsgespräche:

- Klarheit und Konsequenz: Es ist Ihre Aufgabe, die Aktivitäten so genau und detailliert wie möglich zu formulieren und zu kommunizieren.
- Sie übernehmen eine gewisse Mit-Verantwortung für die Erreichung der Ziele, indem Sie die Maßnahmenplanung so realitätskonform wie möglich vornehmen.
- Sie benötigen das „Ja-Wort" Ihres Mitarbeiters: Er muss sich mit der Strategie- und Aktivitätenplanung einverstanden zeigen, sein „Commitment" geben und ebenfalls einen Teil der Verantwortung übernehmen.
- Sie kümmern sich um die Erstellung eines Planes, durch den dem Mitarbeiter ein zielorientiertes Handeln ermöglicht wird und erarbeiten mit ihm gemeinsam pro-aktiv im Vorfeld Lösungen für mögliche Hindernisse.

Voraussetzung für eine funktionierende Commitment-Kultur ist also die Führung der Mitarbeiter durch konkrete Aktivitätenplanung – und nicht mehr durch hehre Zielsetzungen wie eine nebulöse Umsatzsteigerung.

✐ Übung
Sie kennen nun die vier wichtigsten Schritte zum Aufbau einer Commitment-Kultur. Bitte entwerfen Sie in Ihrem persönlichen Strategieheft in Grundzügen, wie Sie eine solche Kultur auch in Ihrem Verantwortungsbereich realisieren können.

Kurz zusammengefasst

- Bauen Sie in Ihrer Abteilung oder Ihrem Unternehmen eine Commitment-Kultur auf. Voraussetzung ist die aktivitätenbasierte Führung Ihrer Mitarbeiter.
- Bauen Sie die Commitment-Kultur in vier Schritten auf:
- Schritt 1: Analyse der Ist-Situation: Wie ist es um Ihre Commitment-Kultur bestellt?
- Schritt 2: Sollwerte gemeinsam mit Mitarbeitern festlegen = Commitment: Konkrete Aufgaben beschreiben, die in einem zeitlich genau umrissenen Zeitraum erledigt werden sollen.
- Schritt 3: Ergebnis-Controlling: Welche Aktivitäten werden warum nicht erreicht? Lob und Anerkennung bei Erreichung geben.
- Schritt 4: Maßnahmenplan aufstellen und umsetzen – die Führungskraft gibt Umsetzungshilfen, der Mitarbeiter verlangt und holt sich Unterstützung.
- Beachten Sie dabei: Prinzip der Schriftlichkeit und klare Vereinbarungen machen Missverständnisse unwahrscheinlich.
- Erarbeiten Sie pro-aktiv Lösungen für Hindernisse:
- Treffen Sie eine konkrete Vereinbarung.
- Kommen Sie möglichen Hindernissen *im Vorfeld* auf die Spur.
- Bestimmen Sie Lösungen *im Voraus.*
- Beschreiben Sie Hindernisse und Lösungen in einer Checkliste.
- Schreiben Sie die Checkliste fort, sobald neue potenzielle oder wirkliche Hindernisse auftreten.

Meine wichtigsten Erkenntnisse:

_____

_____

_____

So setze ich das Gelesene konkret um:

_____

_____

_____

Kapitel 9:
Befähigen Sie Ihre Mitarbeiter zur Teamarbeit!

Im fünften Kapitel haben wir im Zusammenhang mit dem charismatischen Führen das Thema Teamarbeit bereits aufgegriffen. Wir wollen es nun vertiefen und Ihnen veranschaulichen, wie wichtig es ist, Ihre Mitarbeiter auf die Teamarbeit vorzubereiten.

Gremien, Projektarbeit im Team, teilautonome Arbeitsgruppen, Managementteams, teamorientierte Organisation, virtuelle Teams: Es gibt die verschiedensten Teamformen – effektive Teamarbeit gilt als Schlüsselfaktor unternehmerischen Erfolgs. Es ist das Verdienst von R. Meredith Belbin, neun Persönlichkeitstypen ermittelt zu haben, die in jedem Team gebraucht werden. Nach Belbin setzt sich ein erfolgreiches Team zusammen aus einem Gründer, Koordinator, Gestalter, Teamworker, Vervollständiger, Ausführer, Ressourcen-Ermittler, Spezialisten und einem Auswerter. Die neun Typen verfügen über jeweils verschiedene Eigenschaften, die sich komplementär ergänzen und das ermöglichen, was Teamarbeit ausmacht: ‚Teamarbeit' kann definiert werden als die Arbeit an einer Aufgabe durch eine Gruppe von verschiedenartigen Mitarbeitern, die auf ein gemeinsames Ziel hin orientiert sind und zusammenarbeiten, um zu besseren Ergebnissen und Synergieeffekten zu gelangen.

Hindernisse ausräumen

Allerdings müssen viele Führungskräfte erleben, dass sich manche Mitarbeiter dagegen wehren, im Team zu arbeiten: Etwa wenn sie aus verschiedenen Abteilungen, Funktionsbereichen und Disziplinen zusammengetrommelt werden, um ein befristetes Projekt in Teamwork zu bearbeiten. Probleme gibt es dann mit der „Chemie", die

zwischen Mitarbeitern nicht stimmt, die nun auf einmal zusammenarbeiten sollen. Oder der eher einzelgängerisch veranlagte Mitarbeiter, der dann seine Höchstleistung bringt, wenn er einsam in seinem
Büro werkeln kann, soll sich nun einer Teamstruktur anpassen – was
ihm äußerst schwer fällt.

Allzu oft wird vorausgesetzt, Mitarbeiter seien von vornherein zur
Teamarbeit fähig – und so wird sie ‚angeordnet‘, ohne zu prüfen, ob
die Mitarbeiter von dieser Form der Zusammenarbeit überzeugt und
überhaupt in der Lage sind, Aufgaben gemeinsam zu lösen. Wenn es
dann nicht klappt, bemängeln die Führungskräfte, es fehle den Mitarbeitern an den notwendigen Teamfähigkeiten. Doch diese Klage
zäumt das Pferd von hinten auf und übersieht: Was nutzt es einem
Unternehmer, einem Abteilungsleiter oder Bereichsverantwortli-
chen, die effektivsten Teamworkinstrumente zu kennen, wenn diejenigen, die sie in der Gruppe anwenden sollen, nicht auf den Umgang
mit diesen Instrumenten vorbereitet sind? Das Arbeiten im Team
muss erlernt, die Teammitglieder müssen psychologisch und inhalt-
lich darauf vorbereitet werden, bevor der Handwerkskasten mit
Techniken, Methoden und Strategien zur Teamarbeit zur Anwendung gelangen und greifen kann.

Das heißt: Effektive Teamarbeit darf nicht voraussetzungslos verlangt werden und ist nur dann möglich, wenn die entsprechenden
organisatorischen Strukturen geschaffen und die Mitarbeiter an diese
Arbeitsform behutsam herangeführt werden.

Sie als Führungskraft müssen zunächst einmal ‚investieren‘: Die
Einführung der Teamarbeit und die Entwicklung von Teamfähigkeiten kosten Zeit und eventuell auch Geld, aber die Investition kann
sich schnell lohnen, wenn die Synergieeffekte genutzt werden können, die durch die Arbeit im Team entstehen. Dabei zeigt die Erfah-

rung: Das beste Argument, um die Mitarbeiter von den Vorteilen der Teamarbeit zu überzeugen, ist die Praxis: das Erfolgserlebnis durch eine effektive Teamarbeit, die den Mitarbeitern ‚beweist', dass der partnerschaftlich erarbeitete Erfolg im Team möglich ist.

Die Teamfähigkeit der Führungskraft

Einer der Kritikpunkte, die immer wieder gegen die Teamarbeit vorgebracht werden, besteht darin, dass unsere Arbeitswelt eher auf Wettbewerb und Konkurrenzdenken ausgerichtet ist – und weniger auf partnerschaftliches und kooperatives Verhalten, das Grundvoraussetzung für gelungene Teamarbeit ist. Diesem Vorbehalt können Sie durch einen mitarbeiterorientierten Führungsstil begegnen, der dem Mitarbeiter Raum lässt für eigenständiges Arbeiten und eigenverantwortliche Entscheidungen. Wer seinen Mitarbeitern immer nur Ziele vorgibt, ihnen kein Mitspracherecht einräumt und ein Verhalten belohnt, das auf die Einhaltung der ‚von oben' verordneten Vorgaben beruht, kann nicht verlangen, dass sie sich in einer Teamstruktur zurechtfinden, die die *gemeinsame* Erarbeitung von Lösungen anstrebt. Es wirkt höchst unglaubwürdig, wenn die ‚patriarchalische' Führungskraft auf einmal Teamarbeit einfordert und zum ‚Teamleiter' mutiert, dessen Hauptaufgabe es ist, brach liegende Potenziale auf Seiten seiner Mitarbeiter freizulegen. Dann heißt es schnell: „Teamleiter: Ein neues schönes Wort – aber es ist derselbe Boss wie eh und je". Fragen Sie sich also, ob Sie und Ihr Führungsstil mit Teamarbeit überhaupt kompatibel sind. Verneinen Sie diese Frage, ist es besser, wenn Sie von der Einführung teamorientierter Strukturen absehen oder dies einer anderen Führungskraft überlassen.

Teamarbeit ist zu aufwändig – so lautet ein weiterer Kritikpunkt. Zu viel Zeit gehe mit der Bereinigung von Konflikten zwischen den Teammitgliedern verloren. Natürlich: Jedes Team stellt so etwas wie ein „kleines Unternehmen" im Unternehmen dar, Differenzen und Konfliktfelder, die bisher im Unternehmen auftraten, verlagern sich möglicherweise ins Team. Doch indem Sie einen konkreten Zeitplan entwerfen, die Teamarbeit organisieren und bei der Teamzusammensetzung mögliche Konflikte zwischen den Mitarbeitern bedenken, können Sie diesem Problem vorbeugen.

Bevor Sie zum „Arbeitsinstrument" Teamarbeit greifen, sollten Sie die folgende Übung absolvieren:

✎ Übung
Beantworten Sie in Ihrem persönlichen Strategieheft folgende Frage:

- Eigne ich mich zur Teamarbeit und Teamführung?
- Welche Konflikte könnten zwischen den Teammitgliedern auftreten?
- Welche meiner Mitarbeiter sind zur Teamarbeit fähig und gewillt?
- Ist Teamarbeit für die konkrete Herausforderung, vor der ich gerade stehe, tatsächlich der optimale Lösungsweg? Denn nicht für jede Problemlösung ist ein Team die richtige Antwort.

Wer positive Antworten auf diese Fragen findet, kann die Einführung der Teamarbeit angehen, und zwar mit Hilfe der Politik der kleinen Schritte.

Überschaubares Projekt mit klarem Ziel

Üben Sie die Teamarbeit anhand eines kleinen Projektes ein. Es ist wenig sinnvoll, eine Aufgabe zu wählen, von der das Wohl und Wehe Ihrer Abteilung abhängt. Wählen Sie für die Teamarbeit eine weniger komplexe Aufgabe mit einem klaren Ziel. Nehmen wir an, in Ihrer Vertriebsabteilung soll ein neuer Leitfaden für die telefonische Ansprache von potenziellen Neukunden erarbeitet werden. Dann besteht die Aufgabe der Teamarbeit darin, mögliche Gesprächsstrategien und einen Gesprächsleitfaden für die telefonische Neukundenansprache zu entwickeln: eine überschaubare Aufgabe mit einer Zielsetzung, bei der nicht gleich die Existenz der Abteilung gefährdet ist, sollte das Ziel nicht erreicht werden können.

Danach stellen Sie das Team zusammen. Achten Sie darauf, dass nicht gerade diejenigen Mitarbeiter zusammenarbeiten (müssen), die ohnehin schon Probleme in der Zusammenarbeit haben. So halten Sie das Konfliktpotenzial gering. Durch eine geschickte Teamzusammenstellung können Sie möglichst unterschiedliche Teammitglieder zusammenbringen, deren Fähigkeiten sich ergänzen. Ideal ist es, wenn sich im Team – wir erwähnten es bereits – möglichst viele unterschiedliche Charaktere zusammenfinden. Sorgen Sie in dieser „Einführungsphase" für eine klare Kompetenzzuweisung und geben Sie den Mitarbeitern einen Rahmen vor, in dem sie sich frei bewegen können. Später, wenn die Mitarbeiter in der Teamarbeit erfahrener sind, können Sie diesen Spielraum Schritt für Schritt ausweiten und dem Team immer mehr Gestaltungsmöglichkeiten eröffnen.

Teamworkshop und Teamsitzungen

Ein geeigneter Weg, eine Gruppe teamfähig zu machen, ist die Durchführung eines vorbereitenden Workshops. Hier gelangen die Teammitglieder zu einem gemeinsamen Selbstverständnis und legen kommunikative Spielregeln fest, unter denen die Teamarbeit ablaufen soll. Die Teilnehmer artikulieren ihre Erwartungen, Befürchtungen, Vorbehalte und Hoffnungen, die sie mit der zu bearbeitenden Aufgabe, aber vor allem mit der Teamarbeit an sich verbinden. So haben Sie die Möglichkeit, sich den Vorbehalten zu stellen und im Plenum zu diskutieren.

Gerade in solchen vorbereitenden Workshops entzündet sich oft der belebende Funke des Teamgeistes: Ein Gemeinschaftsgefühl entsteht. Während bei der tagtäglichen Arbeit jeder Mitarbeiter seiner speziellen Tätigkeit nachgeht, lernen sie sich nun von einer anderen Seite kennen: Wie reagieren die Kollegen – und auch die Führungskraft – wenn sie eine gemeinsame Lösung erarbeiten sollen? Wie reagieren sie, wenn sie einen Vorschlag diskutieren sollen, mit dem sie nicht einverstanden sind? Können sie abweichende Meinungen respektieren und tolerieren? Wie gehen sie mit Kritik um?

Nun beginnt die eigentliche Teamarbeit. Sie sollten zunächst als Teamleiter auftreten und die Gruppensitzungen organisieren – auch zeitlich. Denn diese Sitzungen müssen mit der Tagesarbeit koordiniert werden. Je ‚reifer‘ und erfahrener die Mitarbeiter in der Teamarbeit sind, desto mehr können sie in die Unabhängigkeit selbst organisierter Teamarbeit entlassen werden, die Sitzungen selbst organisieren und schließlich einen Teamleiter aus den eigenen Reihen bestimmen.

Wie könnte die Durchführung einer Teamsitzung konkret aussehen? Bleiben wir bei dem Beispiel des Gesprächsleitfadens für die Neukundenansprache:

- Zuerst erläutern Sie dem Team die Aufgabe und das Ziel der Teamarbeit, also die Erarbeitung jener Gesprächsstrategien und des Leitfadens.
- Die Gruppe diskutiert, wie bisher bei der Neukundenansprache vorgegangen worden ist: Was kann man übernehmen, wo sind Probleme aufgetreten, welche Fragen stellen die Kunden? Sie notieren die Ergebnisse auf der Pinnwand. Die Gruppe fasst die Einzelfälle zu Blöcken zusammen.
- In einem Brainstorming unterbreitet die Gruppe Vorschläge zum Umgang mit den potenziellen Neukunden. Aus den Vorschlägen leiten die Teammitglieder Gesprächsstrategien und einen Gesprächsleitfaden ab.
- Nun geht es an die Umsetzung am Telefon: Nach jedem Gespräch fertigen die Mitarbeiter eine Gesprächsnotiz an.
- Die Gesprächsnotizen bilden bei der nächsten Teamsitzung die Arbeitsgrundlage: Wo ‚funktioniert‘ der Leitfaden, wo besteht Optimierungsbedarf? Gesprächsstrategien und Leitfaden werden unter Umständen umgearbeitet und dann wieder im Kundenkontakt eingesetzt – ein kontinuierlicher Verbesserungsprozess kommt zu Stande.

Mit hoher Wahrscheinlichkeit werden an der Teamarbeit nicht alle Mitarbeiter beteiligt sein – darum ist die Ergebnissicherung von Bedeutung. Ein Mitarbeiter fertigt ein Protokoll der Teamsitzung an, mit dem alle anderen Mitarbeiter auf dem Laufenden gehalten werden können. Mit Hilfe des Protokolls lässt sich zudem die Einhaltung von Vereinbarungen überprüfen.

Die „Politik der kleinen Schritte" verhindert, dass Ihre Verkäufer sich von einem Tag auf den anderen vom vielleicht einzelgängerischen Mitarbeiter zum Teamworker entwickeln müssen. In jeder Phase des Einführungsprozesses sollte es Ihnen möglich sein, korrigierend einzugreifen. Indem Sie immer komplexere Aufgaben im Team bearbeiten lassen, gewöhnen sich die Mitarbeiter an diese Form der Arbeitsorganisation. Sie können ihre Eignung für die Teamarbeit im Stahlbad der praktischen Erfahrung überprüfen. Alle Beteiligten werden schrittweise in die Teamarbeit eingeführt, ohne dass gleich der Erfolg eines wichtigen Projektes auf dem Spiel steht. Langsam aber sicher werden die Mitarbeiter zur Teamarbeit befähigt, die Teamfähigkeiten wachsen von Aufgabe zu Aufgabe.

Kurz zusammengefasst

- Ordnen Sie Teamarbeit nicht an, sondern schaffen Sie zunächst die Voraussetzungen dafür – organisatorisch und indem Sie sich fragen, ob Sie selbst und Ihre Mitarbeiter zur Teamarbeit fähig sind.
- Führen Sie die Teamarbeit ein, indem Sie ein überschaubares Projekt mit einer klaren Zielsetzung im Team bearbeiten lassen.
- Veranstalten Sie einen vorbereitenden Teamworkshop.
- Je erfahrener Ihre Mitarbeiter in der Teamarbeit werden, desto mehr Verantwortung für die eigenständige Durchführung von Teamaufgaben können Sie ihnen geben.

Meine wichtigsten Erkenntnisse:

_____

_____

_____

So setze ich das Gelesene konkret um:

_____

_____

_____

Kapitel 10:
Entwickeln Sie sich zum Coach Ihrer Mitarbeiter

Wir empfehlen Führungskräften, einen mitarbeiterorientierten Führungsstil zu pflegen – die wichtigsten Prinzipien haben Sie bereits kennen gelernt. Wer seine Mitarbeiter ganzheitlich führen möchte, muss mit ihnen auch persönliche und private Aspekte besprechen. Dies ist im normalen Führungsalltag selten möglich. Das Problem: Gerade wenn ein Mitarbeiter kurz vor der inneren Kündigung steht, genügt es oft nicht, im Mitarbeitergespräch den rein beruflichen Bereich zu thematisieren. Der Ansatz „Die Führungskraft als Coach" eröffnet die Chance, zum Mitarbeiter ein Vertrauensverhältnis aufzubauen, so dass im Coaching auch persönliche Dinge im Mittelpunkt stehen können.

„Coaching" ist ein Sammelbegriff, der eine Vielzahl verschiedener Führungsansätze vereinigt. Deswegen muss sich „Coaching" oft den Vorwurf gefallen lassen, über kein klar umrissenes und verbindliches Konzept zu verfügen. Allerdings: „Was hilft, ist gut!" Unbestritten ist, dass diese Beratungsform gerade in der Mitarbeiterführung zu nachweisbaren Erfolgen führt. Die Stärke des Coachings liegt in der besonderen Beziehung, die zwischen Coach und Coachee entsteht. Coaching ist nur möglich, wenn die Beteiligten Vertrauen zueinander fassen – nur dann ist der Coachee bereit, seine Verhaltenskompetenz und Persönlichkeitsentwicklung mit der Führungskraft – als Coach – zu besprechen.

Die Führungskraft als Coach

Die wesentlichen Merkmale eines Coachings sind Individualität, Freiwilligkeit, Gleichrangigkeit und Vertraulichkeit. Ziel ist die individuelle und effektive Förderung der Mitarbeiter: „Coaching ist eine hoch individualisierte Beratung mit dem Ziel, dass der Mitarbeiter seine Rolle im Unternehmen eigenständig besser ausgestaltet, um erfolgreicher zu sein", so Rainer Niermeyer, und kann exakt auf die individuellen betrieblichen und persönlichen Bedürfnisse des Coachees zugeschnitten werden. Coaching bedeutet, dass der Mitarbeiter von der Führungskraft lernt und das Gelernte direkt und mit Unterstützung des Vorgesetzten in der Praxis einsetzt. Der Coach tritt dabei nicht als die „allwissende" und überlegene Führungskraft auf, die weiß, „wo es langgeht" und dem Mitarbeiter einen vorgegebenen Weg weist und eine vorgefertigte Lösung präsentiert. Vielmehr begleitet er ihn als Ratgeber, Unterstützer und Förderer auf dem Weg zu einem selbst gesteckten Ziel. Die Führungskraft hilft dem Mitarbeiter mit Hilfe seiner Erfahrung und Kenntnisse, die Ressourcen, Fähigkeiten und Kompetenzen, die dieser – aus welchem Grund auch immer – nicht voll entfalten kann, auszuschöpfen. Dabei ist es letztendlich immer der Mitarbeiter selbst, der entscheidet, ob er den Weg zur Zielerreichung, der ihm von der Führungskraft vorgeschlagen wird oder den er gemeinsam mit ihr erarbeitet, tatsächlich gehen will. Das heißt: Der Wille zur Veränderung muss immer vom Mitarbeiter ausgehen – der Coach steht ihm unterstützend als Gesprächspartner und Feedbackgeber zur Seite.

Möglichen Rollenkonflikt bedenken

Die auf Vertrauen beruhende Beziehung zwischen dem Mitarbeiter und dem Coach bildet das Fundament des Coachingprozesses – und macht gleichzeitig die besonderen Stärken und die spezifische Problematik des Mitarbeitercoachings aus. Coaching zielt auf konkrete Verbesserungen am Arbeitsplatz ab, die räumliche und zeitliche Nähe zwischen dem Coachee, dem Arbeitsplatz und dem Coach bieten

den idealen Nährboden für ein punktgenaues Coaching-on-the-job –
dies sind die besonderen Stärken.

Jedoch: Die Führungskraft ist nun nicht allein Vorgesetzter, für den
primär die Leistungserbringung und die Erledigung von Aufgaben
von Bedeutung sind. Als Coach ist sie zudem verstehender Partner,
motivierender Förderer oder gar Freund des Mitarbeiters, mit dem
die Führungskraft einen Verbesserungsprozess anstrebt, der explizit
auf die Verhaltensebene abhebt – und damit die persönliche und
private Sphäre berührt. Und diese Gemengelage kann zu einem Rol-
lenkonflikt führen. Hinzu kommt: Natürlich muss auch der Mitarbeiter über die Fähigkeit verfügen, zum „Chef" eine vertrauensvolle
Beziehung aufbauen zu können: Es sollte ihm fern liegen, diese
Partnerschaft auszunutzen.

✎ Übung

Bevor Sie sich entscheiden, zum Coach Ihrer Mitarbeiter zu werden,
sollten Sie klären, ob Sie von Ihrer Einstellung her dazu geeignet
sind – die Grundfrage lautet: Sind Sie in der Lage, den Mitarbeiter,
Ihren Coachee, als gleichberechtigten Partner zu betrachten, sich im
Coachingprozess als Vorgesetzter „zurückzunehmen" und die Rol-
lentrennung zwischen Führungskraft und Coach zu leisten? Sollte
Ihnen dies nicht möglich sein, besteht immer noch die Möglichkeit,
einen externen Coach zu engagieren. Wenn Sie jedoch fähig und
bereit sind, sich in einen anderen Menschen hineinzuversetzen und
eine Angelegenheit aus einer anderen Perspektive als der gewohnten
zu betrachten, wenn Sie einen partnerorientierten und kooperativen
Führungsstil pflegen, ist die Wahrscheinlichkeit groß, dass Sie den
Rollenwechsel schaffen.
Bitte notieren Sie Ihre Überlegungen in Ihrem persönlichen Strategieheft.

Individuelles Mitarbeitercoaching in acht Schritten

Die Klärung der genannten grundsätzlichen Aspekte gehört in die Vorbereitungsphase des Mitarbeitercoachings, das in acht Schritten realisiert wird:

Schritt 1 – die Vorbereitung
In einem ersten Gespräch werden die Grundlagen für den Coachingprozess gelegt. Gemeinsam klären Sie und der Mitarbeiter den konkreten Anlass für das Coaching ab und prüfen, ob beide Beteiligten der Meinung sind, ob ein individuelles Mitarbeitercoaching der geeignete Weg ist, den Bedarf des Mitarbeiters abzudecken. Wichtig ist, dass sich Ihr Mitarbeiter freiwillig dazu entscheidet und sein Commitment abgibt.

Anlass für ein Coaching könnte eine aktuelle Problemstellung sein: Nehmen wir an, Ihr Mitarbeiter arbeitet im Verkauf. Der Verkäufer verfügt über ausgeprägte verkäuferische Fähigkeiten und möchte nun seine Beratungskompetenz erweitern und die entsprechenden Qualifikationen erwerben. Oder der Anlass liegt eher in seinem Wunsch begründet, bestimmte Verhaltensoptionen zu erwerben – er will zum Beispiel seine Angst vor Entscheidungen bekämpfen, die sich im Verkaufsgespräch negativ auf seine Abschlussfähigkeit auswirkt, und damit seine Entscheidungskompetenz erhöhen. Des Weiteren ist ein Mitarbeitercoaching sinnvoll, wenn ein Mitarbeiter neu in das Unternehmen eintritt, eine neue verantwortungsvolle Aufgabe übernimmt oder im Rahmen einer zukunftsorientierten strategischen Personalentwicklung weiterqualifiziert werden soll.

Klären Sie in der Vorbereitungsphase die Erwartungen ab, die beide Beteiligten in den Coachingprozess setzen. Bereits jetzt entscheidet sich in aller Regel, ob der Coachee und Sie auf einer „Wellenlänge" schwimmen, ob die Chemie stimmt und der Aufbau eines Vertrauensverhältnisses möglich ist. Dabei betonen Sie, dass es Ihnen nicht darum geht, die Probleme des Mitarbeiters zu lösen, sondern Sie ihn dabei unterstützen wollen, eine von ihm beabsichtigte Entwicklung in Gang zu setzen.

Schritt 2 – die Spielregeln
Danach formulieren Sie und der Coachee, unter welchen Prämissen der Coachingprozess ablaufen soll, definieren mithin die konkreten Spielregeln, an die Sie sich halten wollen. Der offene Umgang miteinander, eine Übereinkunft darüber, welche der – wahrscheinlich auch privaten und persönlichen Informationen – Sie an Dritte weiterleiten dürfen und der Charakter der gleichberechtigten Partnerschaft sind die Punkte, die auf jeden Fall in den „Spielregeln" abgeklärt sein sollten. Eventuell ist es sinnvoll, diese Spielregeln schriftlich in einer „Coachingvereinbarung" niederzulegen.

Schritt 3 – Analyse und Diagnose
Nun sammeln Sie alle verfügbaren Informationen zu Ihrem Coachee und zum Coachinganlass, zum Beispiel im Gespräch mit dem Coachee, in Gesprächen mit Kollegen, Vorgesetzten und Kunden, durch eine Stärken- und Schwächenanalyse. Dabei können Sie Analyseinstrumente wie Checklisten, Fragebögen und Tests einsetzen. Die zeitintensivste, aber zugleich effektivste Methode besteht in der Begleitung des Mitarbeiters an den Arbeitsplatz: Dort lernen Sie Ihren Coachee bei seiner täglichen Arbeit kennen und verschaffen sich einen authentischen Überblick über seine Fähigkeiten und Verhaltensweisen. Konkretes Beispiel: An einer Präsentation, die der Coachee vor Kunden hat, nehmen Sie als stiller Beobachter teil, um ihn danach in einem Feedbackgespräch auf Stärken und Schwächen (Potenziale/Chancen) aufmerksam zu machen. Diese Begleitung ist vor allem sinnvoll bei eher verhaltensorientiertem Potenzial – Verhal-

tensunsicherheiten, die in der Angst begründet sind, vor mehreren Leuten zu sprechen, lassen sich am besten „vor Ort" in der realen Situation feststellen.

Nach der Analysephase resümieren Sie mit dem Coachee, welche seiner Potenziale/Chancen bearbeitet und welche seiner Stärken noch mehr ausgebaut werden sollen.

Schritt 4 – die Ziele
Nun verfügen Sie über alle Informationen, um im nächsten Schritt die konkreten Ziele des Coachingprozesses festzulegen.

Schritt 5 – Aktionen und Maßnahmen
In dieser Phase legen Sie mit dem Mitarbeiter fest, durch welche Coachingaktionen die Ziele erreicht werden können. Im Mittelpunkt stehen das Einzelgespräch und wiederum die Begleitung-on-the-job. Potenziale des Coachees im fachlichen oder motivatorischen Bereich sowie Verhaltensunsicherheiten werden in einer Coachingsitzung bearbeitet, in der Sie dem Mitarbeiter im Einzelgespräch Ihre Erfahrungen weitergeben oder ihm bestimmte Fertigkeiten vermitteln, an seiner Einstellung zum Kunden arbeiten oder ganz konkret bestimmte Fertigkeiten verbessern – im Falle eines Verkäufers etwa seine Abschlussfähigkeit, seine Fragetechnik oder seine Präsentationstechnik. Der Theorie in der Sitzung folgt die Unterstützung bei dem Transfer in die Praxis, also die Begleitung des Coachees an den Arbeitsplatz.

Schritt 6 – der Coachingstil
Entscheiden Sie sich, welchen Coachingstil Sie anwenden müssen. Beeinflusst wird die Entscheidung vom Entwicklungsstadium und der Persönlichkeitsstruktur des Mitarbeiters:

- Sind seine fachlichen Qualifikationen gut entwickelt, mangelt es aber an dem Engagement, benötigt er genaue Anweisungen. Sie coachen dann vor allem durch Unterweisung und Ergebniskontrolle sowie Visionen und Ziele.
- Fehlt es dem Mitarbeiter hingegen an Kompetenzen, während sein Engagement gut ausgeprägt ist, besteht die Herausforderung für Sie darin, ihn einfühlsam zu lenken und zu motivieren. Sie leiten ihn an und beobachten, ob der Coachee die Herausforderung eigeninitiativ bewältigt.
- Der Mitarbeiter leidet unter Selbstzweifeln, sein Selbstbewussten ist schwach entwickelt, seine fachlichen Fähigkeiten aber sind hervorragend. Sie unterstützen, bestärken und ermutigen ihn daher, den eingeschlagenen Weg fortzusetzen.

Schritt 7 – permanente Feedbackgespräche

Die Bedeutung der begleitenden Feedbackgespräche für den Erfolg des Mitarbeitercoachings kann gar nicht genug betont werden. In diesen institutionalisierten Gesprächen, die regelmäßig stattfinden, besprechen Sie mit dem Coachee den Stand der Dinge, überprüfen den Erfolg der Aktionen und Maßnahmen, festigen das Vertrauensverhältnis und prüfen, ob Ziele revidiert werden müssen oder als „erreicht" bezeichnet werden können. Zudem findet in den Feedbackgesprächen die „Meta-Kommunikation" statt, das heißt: Der Coachee und Sie reflektieren den Ablauf des Coachingprozesses, besprechen, was gut läuft, was nicht, und machen insbesondere die Entwicklung des wichtigen Vertrauensverhältnisses zwischen dem Mitarbeiter und Ihnen zum Thema.

Schritt 8 – das Abschlussgespräch

Sobald Coachee und Coach zu dem Ergebnis gelangen, die Ziele des Coachingprozesses seien erreicht, findet ein resümierendes Fazitgespräch statt.

Kurz zusammengefasst

- Der Ansatz „Die Führungskraft als Coach" erlaubt es Ihnen, im Mitarbeitergespräch neben fachlichen Aspekten auch Themen anzusprechen, die auf der Verhaltensebene und der Ebene der Persönlichkeitsentwicklung des Mitarbeiters liegen.
- Mitarbeitercoaching setzt ein tiefes Vertrauensverhältnis zwischen Mitarbeiter und Führungskraft voraus.
- Mitarbeitercoaching läuft in acht Schritten ab: Vorbereitung – Spielregeln formulieren – Analyse und Diagnose – Ziel formulieren – Aktionen und Maßnahmen planen und durchführen – für Coachingstil entscheiden – Feedbackgespräche – Abschlussgespräch.

Meine wichtigsten Erkenntnisse:

_____

_____

So setze ich das Gelesene konkret um:

_____

_____

Kapitel 11:
So verbessern Sie das Betriebsklima

Wenn es um das Betriebsklima geht, halten sich hartnäckig zwei Vorurteile:

- Vorurteil Nr. 1: Hohe Arbeitsproduktivität und gutes Betriebsklima schließen einander aus, nach dem Motto: „Klasse Betriebsklima, alle verstehen sich – aber der Umsatz stimmt nicht!"
- Vorurteil Nr. 2: Sind alle Mitarbeiter in der Abteilung glücklich und zufrieden, ist dies ein Indiz für ein gutes Betriebsklima.

Längst haben Studien die Unverträglichkeit zwischen hoher Arbeitsproduktivität und „tollem" Betriebsklima widerlegt und gezeigt: Ein schlechtes Betriebsklima am Arbeitsplatz verursacht Kosten in Milliardenhöhe. Denn das Leistungsvermögen der Mitarbeiter, die in einer Arbeitsatmosphäre arbeiten müssen, die sie als unangenehm empfinden, sinkt. Sie reagieren mit Fluchtbewegungen: in die innere Kündigung, in die Krankheit, in die Demotivation, es kommt zu Intrigen und Konflikten. Wenn hingegen die Stimmung stimmt, erhöhen sich das Leistungsniveau und die Leistungsbereitschaft der Mitarbeiter – und damit des gesamten Unternehmens. Es entsteht eine positive Wettbewerbssituation, in der die Angestellten miteinander konkurrieren, „ihr Bestes" zu leisten, und bereit sind, sich über das verlangte Arbeitspensum hinaus zu engagieren und sich loyal gegenüber dem Unternehmen verhalten. Keine schlechte Voraussetzung in Krisenzeiten, in denen viele Unternehmen zu vielstimmiger Klage anheben. Darum sollen am Schluss unseres Buches Überlegungen stehen, wie Sie in Ihrem gesamten Mitarbeiterteam für sonnige Stimmung und ein gewitterfreies Betriebsklima sorgen.

Der subjektive „Wohlfühlfaktor"

Die Psychologie spielt bei dem Betriebsklima eine wichtige Rolle, kann es doch definiert werden als die Art und Qualität der atmosphärischen Stimmung unter den Mitarbeitern und Führungskräften eines Unternehmens oder einer Abteilung. Das Betriebsklima hat in erster Linie mit dem subjektiven „Wohlfühlfaktor" der Mitarbeiter und Führungskräfte zu tun. Doch Achtung: Die Versammlung zahlreicher „glücklicher" Menschen allein macht noch keinen Sommer. Zufriedene, gar glückliche Individuen können die Folge einzelner Maßnahmen sein, die zwecks individueller Arbeitszufriedenheit ergriffen werden; dazu gehören gewiss auch materielle Anreize. Der Trainer und Unternehmensberater Reinhardt Biffar spricht im Zusammenhang mit einem angenehmen Betriebsklima von einem „kollektiven Wohlbefinden" und einer „Veranstaltung auf Gegenseitigkeit": Die Belegschaft als Ganzes, die Mitarbeiter und Führungskräfte als Gemeinschaft müssen sich *im Unternehmen* wohl fühlen – und für dieses „kollektive Wohlbefinden" seien alle gleichermaßen mitverantwortlich – natürlich und vor allem auch die Führungskraft.

Was aber können Sie tun, um Ihrer Verantwortung gerecht zu werden, zu einem guten Betriebsklima beizutragen? Nun, zunächst einmal sollten Sie das Betriebsklima nicht funktionalisieren, das heißt: Es darf nicht als Instrument eingesetzt werden, um die Mitarbeiter zu steuern. Schaffen Sie vielmehr die Voraussetzungen, durch die die Wahrscheinlichkeit einer motivierenden Stimmung unter Ihren Mitarbeitern steigt. Ein Betriebsklima muss sich entwickeln, muss wachsen und Prozesse in Gang setzen, die sich gegenseitig verstärken: Sonniges Betriebsklima erhöht den Willen zum Engagement und zur Leistung und damit die Produktivität einer Abteilung, was auch dem einzelnen Mitarbeiter zugute kommt und für noch wärmere Betriebstemperaturen sorgt. Umso wichtiger ist es, das Kind gar nicht erst in den Brunnen fallen zu lassen und sich des Betriebsklimas als Management- und Führungsaufgabe anzunehmen, bevor Gewitterwolken die Stimmung verhageln.

Erfolgsregeln für ein angenehmes Betriebsklima

Wann überhaupt sprechen Mitarbeiter von einem schlechten, wann von einem guten Betriebsklima? Die Definitionen gehen hier auseinander – daher ist es empfehlenswert, eine Mitarbeiterbefragung durchzuführen, am besten schriftlich und anonym. So können Sie feststellen, welche Merkmale Ihre Mitarbeiter dem gewittrigen, welche Eigenschaften dem heiteren Betriebsklima zuordnen, und die Aktivitäten, die Sie zur Klimaverbesserung ergreifen, darauf abstimmen. Wahrscheinlich führt solch eine Befragung zu ähnlichen Ergebnissen wie die einschlägigen Untersuchungen, wie sie etwa von den Betriebskrankenkassen in Auftrag gegeben werden. Demnach sind die wichtigsten Merkmale eines guten Betriebsklimas:

- Teamgeist innerhalb der Belegschaft,
- Möglichkeit zum selbstständigen Arbeiten,
- Kooperationsbereitschaft von Kollegen,
- Anerkennung durch Vorgesetzte und
- Beteiligung an Entscheidungen.

Ein schlechtes Betriebsklima setzen Mitarbeiter häufig gleich mit:

- Intrigen unter Kollegen,
- Anschwärzen beim Chef,
- Angst um den Arbeitsplatz,
- faule Kollegen und
- fehlende Anerkennung durch den Vorgesetzten.

Die erste „Regel" – dies klang bereits an – lautet: Ihr Führungsstil und Ihre Führungskompetenz sind mitverantwortlich für das Betriebsklima. Ausgangspunkt ist das menschliche Miteinander, also der Umgang zwischen den Mitarbeitern und zwischen Ihren Mitarbeitern und Ihnen. Allzu oft denken Führungskräfte, sobald sie Symptome für eine Klimaverschlechterung beobachten, lediglich daran, die äußeren Arbeitsplatzbedingungen zu verändern, etwa den Aufenthaltsraum neu gestalten zu lassen. Sie verkennen dabei die Tatsache, dass ihr Führungsstil einen viel größeren Einfluss auf das Betriebsklima hat als teure Sachinvestitionen. Viele Mitarbeiter fühlen sich angesichts ungerechtfertigter Kritik, die dann auch noch ehrverletzend in der Anwesenheit der Kollegen vorgebracht wird, mehr düpiert als durch die alte Kaffeemaschine und ergonomisch unzureichende Büromöbel. Natürlich gehört auch die Optimierung der äußeren Arbeitsplatzbedingungen zur Arbeitszufriedenheit – aber dies ist eben nur ein Punkt unter vielen und beileibe nicht der wichtigste. Ihre Einstellung zu Ihren Mitarbeitern, die sich in konkreten Handlungen manifestiert, ist entscheidend: Eine freundliche Begrüßung am Morgen und die Zauberworte „bitte" und „danke schön" signalisieren dem Mitarbeiter: „Du bist mehr für mich als nur ein Rädchen im Getriebe, das gefälligst zu funktionieren hat. Ich nehme dich als Persönlichkeit wahr und bringe dir Respekt entgegen." Wenn Sie diese Einstellung überzeugend „leben", kommt zum Beispiel ein Lob authentisch und glaubwürdig bei Ihren Mitarbeitern an.

Holen Sie Ihre Mitarbeiter dort ab, wo sie stehen. Sind Sie in der Lage, zu differenzieren und der Situation und der Person angemessene Führungstechniken einzusetzen und auf die einzelnen Personen individuell einzugehen? Oder behandeln und führen Sie alle Mitarbeiter gleich, gleichgültig, welche Führungssituation zu bewältigen ist? Von der Beantwortung dieser Frage ist abhängig, ob es Ihnen gelingt, die Realität der Führungspraxis zu bewältigen – denn die ist bunt wie ein Kaleidoskop: Der eine Mitarbeiter benötigt genaue Arbeitsanweisungen und Hilfestellungen – bis hin zum Coaching. Der andere braucht permanentes Lob und Anerkennung, um Höchstleistungen erbringen zu können. Wer einen Kollegen mobbt, dem muss anders begegnet werden als dem Mitarbeiter, dem aufgrund persönlicher Probleme fachliche Fehler unterlaufen.

All diese Themen haben wir in diesem Buch angesprochen, und man kann sagen, dass letztendlich alle Kapitelinhalte zusammen genommen Ihnen helfen, zu einem guten Betriebsklima zu gelangen.

Wer sich als Führungskraft an Vereinbarungen hält und das Gebot der Fairness im Umgang mit Mitarbeitern beachtet, gibt ein nachahmenswertes Beispiel ab. In der Vorbildfunktion liegt Ihr größtes Potenzial, das Betriebsklima zu optimieren, denn eine direkte Einflussnahme auf Verhaltensänderungen auf Seiten der Mitarbeiter ist vor allem über Ihr eigenes Verhalten möglich. Rahmenbedingungen für ein positives menschliches Miteinander können Sie setzen, indem Sie:

- fordern und fördern: Die meisten Mitarbeiter wünschen die Herausforderung und wollen spüren, dass sie gebraucht werden. Fordern Sie also Leistung – und fördern Sie den Mitarbeiter, indem Sie Leistungen bemerken und belohnen. Eine leistungsfordernde und -fördernde Atmosphäre trägt dazu bei, dass Mitarbeiter einen Sinn in ihrer Tätigkeit sehen.
- dafür Sorge tragen, dass Qualifikationsprofil des Mitarbeiters und Anforderungsprofil des Arbeitsplatzes sowie Leistungsfähigkeit und Leistungsmöglichkeit so weit wie möglich übereinstimmen. Wenn einer Ihrer Mitarbeiter großen Spaß an der direkten Begegnung und dem Gespräch mit dem Kunden hat, aber

nicht über die notwendige Beratungskompetenz verfügt, drohen Frust und Demotivation – die Sie womöglich als mangelndes Engagement werten: Sie sehen nur das Symptom, nicht die Ursache. Eine Fortbildungsmaßnahme verhilft dem Mitarbeiter zur notwendigen Beratungskompetenz.

- mit Lob und Anerkennung arbeiten: Viele Führungskräfte geben ihren Mitarbeitern vor allem dann Feedback, wenn etwas schief gegangen ist und nicht gut läuft. Besser aber ist es, die Situationen herauszustellen, in denen etwas funktioniert hat, um dann mit anerkennenden Worten zu loben. Jeder Mensch braucht positive Bestätigung: Wenn ein Mitarbeiter eine zufrieden stellende Arbeit abgeschlossen hat, zeigen Sie ihm, dass Sie seine Leistung bemerkt haben. Gelegenheiten zum Loben gibt es genügend – Sie müssen sie nur wahrnehmen.

- produktiv-konstruktiv kritisieren: Produktiv-konstruktive Kritik setzt in Feedbackgesprächen in die Zukunft gerichtete Verbesserungen und Problemlösungen in Gang, schützt die Selbstachtung des Kritisierten, gibt ihm Gelegenheit zur Stellungnahme und bringt Kritik zum richtigen Zeitpunkt vor. Sie müssen sich Klarheit verschaffen über die Ziele, die Sie mit Ihren kritischen Äußerungen verfolgen – Kardinalfragen dabei sind: „Was und/oder wen will ich warum kritisieren?", „Was soll die Kritik bewirken?" und „Wie gelange ich zu der gewünschten Wirkung?" Achten Sie den Menschen im Mitarbeiter und bringen Sie ihm Toleranz und Respekt entgegen.

Betriebsklima-Meeting und Erfolgs-Konferenz

Ein gutes Betriebsklima wird dann wahrscheinlicher, wenn es Ihnen gelingt, die entsprechenden Strukturen und Einrichtungen zu schaffen, durch die automatisch Dinge gefördert werden, die das Betriebsklima zum Positiven hin beeinflussen. Dazu zählen das Betriebsklima-Meeting und die Erfolgs-Konferenz.

Das Betriebsklima-Meeting

Es gibt so viele Meetings, über deren Existenzberechtigung man durchaus streiten darf – das Betriebsklima-Meeting gehört nicht dazu. In diesen regelmäßig stattfindenden Besprechungen können Sie mit Ihren Mitarbeitern die Gewitterwolken, die das Klima verdüstern, und die Maßnahmen diskutieren, die Sie bisher zur Optimierung des Betriebsklimas in Gang gesetzt haben, und zudem die Verbesserungsvorschläge Ihrer Mitarbeiter sammeln. Des Weiteren steht die Festlegung von Verhaltensregeln auf der Agenda: Klären Sie gemeinsam mit Ihren Mitarbeitern, wie man in Zukunft miteinander umzugehen gedenkt und was jeder Einzelne konkret tun kann, um zu einer besseren Zusammenarbeit zu gelangen – und lassen Sie sich dabei auf keinen Fall außen vor. Das Meeting hilft Ihnen, die einzelnen Maßnahmen miteinander zu verzahnen – und den Mitarbeitern zu verdeutlichen, dass jeder zu der Entwicklung des Betriebsklimas einen Beitrag leisten kann.

In diesem Forum können Sie auch den heiklen Punkt „Umgang mit Konflikten" zur Debatte stellen. Dabei gilt: Konflikte sind nicht von vornherein etwas Negatives. Sie weisen oft darauf hin, dass das Verhältnis zwischen den Konfliktparteien neu geordnet werden muss. Wenn diese den Konflikt als Chance zur Neuordnung ihrer Beziehung definieren, kann er sogar produktiv wirken – und zur Verbesserung des Betriebsklimas beitragen. Sobald Sie einen Konfliktherd im Ansatz erkennen, sollten Sie ihn auf dem Betriebsklima-Meeting offen ansprechen und eine Konfliktlösung herbeiführen. Erarbeiten Sie gemeinsam mit den Konfliktparteien Lösungswege. Erklärtes Ziel ist eine einvernehmliche Lösung, die alle akzeptieren können – der Weg dorthin das Konzept des sachlichen Interessenausgleichs: Dazu klären Sie die Interessen ab, die sich hinter der Position verbergen, die ein Mitarbeiter vertritt. Wenn der aufstrebende „Jungspund" den „etablierten Verkäufer" immer wieder verbal angreift, ist dies meistens darauf zurückzuführen, dass er meint, er sei eigentlich der kompetentere Mitarbeiter. Der Etablierte hingegen fühlt sich durch den jüngeren Kollegen bedroht. Nun sind Sie in der Lage, den wahren Konfliktherd direkt anzugehen: So versichern Sie dem etablierten Mitarbeiter zum Beispiel, seine Position sei nicht gefährdet, und dem Jungspund weisen Sie zum Beispiel eine Zukunftsperspektive auf, die ihm die Übernahme von mehr Verantwortung in Aussicht stellt.

Überlegen Sie bitte: Trägt solch ein Meeting nicht erheblich mehr zum „Wohlfühlfaktor" der gesamten Verkaufsmannschaft bei als die Incentive-Reise auf die Bahamas für einige wenige Topleute?

Die Erfolgs-Konferenz
In diesen Zeiten wirtschaftlicher Anspannung jagt vielleicht auch bei Ihnen ein Krisengespräch das andere; Konferenzen und Meetings stehen an, in denen allein Krisenbewältigung und Krisenmanagement auf der Agenda stehen. Das führt zu einem Klima der Angst und Depression – und zu einer Verschlechterung des Betriebsklimas. Natürlich haben diese Gesprächsrunden im Normalfall ihre Berechtigung, aber: Ist es nicht an der Zeit, auch einmal einen Kontrapunkt zu setzen und eine „Erfolgs-Konferenz" zu installieren, also eine Gesprächsrunde, in der Sie „das Erfolg fördernde" zum Gesprächsthema machen? Dabei geht es nicht um ein positives Denken, das die Realitäten außer Acht lässt. Es geht vielmehr um die realistische Einschätzung dessen, was – zum Beispiel – im letzten Monat schlicht und einfach „gut gelaufen" ist.

Als Termin für die Erfolgs-Konferenz bietet sich der Monatsanfang an: Alle Mitarbeiter sind zu dem einstündigen Meeting eingeladen, Ziel der Konferenz ist die Beantwortung der Frage, was in den letzten vier Wochen funktioniert hat. Jeder Teilnehmer wird im Vorfeld der Konferenz gebeten, einen kurzen „Erfahrungsbericht" vorzubereiten – jeder Mitarbeiter erzählt dann von seinen Mut machenden Erlebnissen. Sie übernehmen die Rolle des Konferenzleiters und protokollieren die Quintessenz der Berichte auf dem Flipchart oder der Pinnwand.

Danach wird jeder Punkt vom Plenum unter dem Aspekt diskutiert: „Kann ich die Erfahrungen des Kollegen für meine eigene Akquisition nutzen, sind seine Erfahrungen auf meinen Bereich übertragbar?" – kurz: „Was kann ich aus den Erlebnissen der Kollegen lernen?" Diese Vorgehensweise hat einige Vorteile:

- Das gesamte Team wird endlich einmal auf die fördernden und Mut machenden Ereignisse in der Abteilung oder dem Unternehmen fokussiert.
- Die Erfolgs-Konferenz ist geeignet, den Glauben der Mitarbeiter an sich selbst und die eigenen Fähigkeiten zu stärken.
- Es entsteht ein Lerneffekt, weil jeder Mitarbeiter von den Erfolg fördernden Erlebnissen der anderen Konferenzteilnehmer profitieren kann.

✎ Übung
Überlegen Sie, inwiefern Sie das Betriebsklima-Meeting und die Erfolgs-Konferenz in Ihrem Verantwortungsbereich einsetzen und durchführen können. Welche Schritte sind notwendig, welche organisatorischen Vorbereitungen und welche Besonderheiten müssen Sie berücksichtigen? Welche konkrete Zielsetzung verfolgen Sie?

Kurz zusammengefasst

- Das Betriebsklima hängt ganz entscheidend von Ihren Führungskompetenzen ab: Nehmen Sie Ihre Vorbildfunktion ernst und gehen Sie als gutes Beispiel voran.
- Richten Sie ein Betriebsklima-Meeting ein, das regelmäßig stattfindet. Einziger Top: das Betriebsklima und Möglichkeiten der Verbesserung.
- Die Erfolgs-Konferenz dient dazu, die Erfolg fördernden und Mut machenden Ereignisse in den Vordergrund zu rücken, die in Ihrer Abteilung oder Ihrem Unternehmen in der Vergangenheit geschehen sind.

Meine wichtigsten Erkenntnisse:

_____

_____

So setze ich das Gelesene konkret in die Praxis um:

_____

_____

Schlusswort:
Werden Sie aktiv!

Sie sind nun am Ende dieses Buches angelangt und wir möchten es so abschließen, wie wir es begonnen haben: mit einer Geschichte:

Ying und Yang waren zwei junge und pfiffige Burschen, die nur Spaß in ihren Köpfen hatten. Im selben Dorf wie sie lebte ein weiser Mann, von dem man sagte, dass er alles wisse und sich nie irre. Und so überlegten sie, wie sie den alten, weisen Mann überlisten könnten. Ying sagte zu Yang: „Hör zu, ich habe eine Idee. Wir nehmen eine Taube, halten Sie hinter den Rücken und fragen ihn: ‚Lebt diese Taube oder ist sie tot?' Wenn der weise Mann nun sagt, sie ist tot, dann holen wir sie hervor und lassen sie fliegen. Wenn er aber sagt, sie lebt, dann drücken wir ihr die Luft ab und zeigen ihm, dass die Taube tot ist. Gleich, was er uns sagen wird, die Antwort ist falsch." Yang war begeistert und beide setzten ihren Plan in die Tat um. Sie stellten dem weisen Mann die Frage: „Du, weiser Mann, wir haben hier eine Taube hinter dem Rücken. Sag uns, ob diese Taube tot ist oder ob sie lebt." Der weise Mann überlegte lange und sagte schließlich zu den beiden Jungen: „Ob diese Taube tot ist oder lebendig, liegt ausschließlich in eurer Hand."

Ob das Gelesene tot ist oder lebt, liegt nun ausschließlich in Ihrer Hand. Es ist Ihre Entscheidung. Gedanken sind Äste, Worte sind Blätter, Taten sind Früchte. Ernten Sie die Früchte Ihrer Arbeit. Und beginnen Sie jetzt damit. Als erfahrene Führungskraft wissen Sie, dass alle guten Vorsätze mit Aufträgen und Vereinbarungen zu vergleichen sind, auf denen die Unterschrift des Vertragspartners fehlt. Seien Sie aktiv und setzen Sie alles, was Sie gelesen haben und mit dem Sie übereinstimmen, um. Ihr persönliches Strategieheft hilft Ihnen dabei.

Wissen allein reicht nicht aus, man muss es auch anwenden. Sich selbst so weit zu bringen, alles Notwendige zu unternehmen, um besondere Leistungen zu erzielen, gehört unserer Ansicht nach zu den wichtigsten Erfolgsgrundsätzen. Sie haben nun die Wahl: Es liegt an Ihnen, welche der nun folgenden Möglichkeiten Sie für sich auswählen:

1. Sie setzen nichts um und sortieren das Buch in der Rubrik „gelesen" in Ihr Bücherregal ein. Dann herzlichen Glückwunsch – Sie leben bereits all das, was hier beschrieben wurde. Oder schade – Sie haben wahrscheinlich nur Ihre Zeit verschwendet.
2. Sie können zu sich sagen: „Viele gute Gedanken, sie gefallen mir, das will ich alles ausprobieren, sobald ich Zeit habe." Das ist die sicherste Möglichkeit, dass nichts geschieht.
3. Sie können auch Ihren Kollegen, Mitarbeitern und anderen Menschen diese Tipps und Anregungen weiterempfehlen, damit diese sich ändern. Doch auch das wird nur von mäßigem Erfolg gekrönt sein, solange Sie es ihnen nicht selbst vorleben.
4. Oder Sie entscheiden sich, das Gelesene nicht auf einmal, sondern Schritt für Schritt umzusetzen. Um dies zu erreichen, nehmen Sie sich jeden Tag oder jede Woche nur ein Thema oder eine Übung vor. Konzentrieren Sie sich auf nur einen Punkt – und setzen Sie ihn konsequent und systematisch um, bis Sie das Gewünschte in Ihr Verhalten übernommen haben.

Entscheiden Sie sich jetzt dafür, dies so zu tun. Legen Sie jetzt die Reihenfolge Ihres kommenden 3-Monats-Programms fest. Erleben Sie dann zwölf Wochen lang die Kraft der Umsetzung. Sie werden feststellen, dass Ihre Mitarbeiter bereits nach zwei oder drei Wochen die positive Veränderung bei Ihnen bemerken werden.

Zum Schluss dieses Buches wollen wir uns bei Ihnen bedanken. Sie haben es uns ermöglicht, Ihnen einen bedeutenden Teil unserer Erfahrung, unserer Erkenntnisse und unserer Einstellung zu vermitteln. Wenn Sie durch regelmäßige Notizen in Ihrem persönlichen Strategieheft und durch die Anwendung der Übungen einige unserer Strategien erfolgreich in Ihre Führungspraxis übernehmen und anwenden, freut uns das ganz besonders. Und sollte dieses Buch Ihnen zu einem erfolgreicheren Umgang mit sich selbst und Ihren Mitarbeitern verholfen haben, dann haben wir unser Ziel erreicht. Vielen Dank!

Literatur

- Biffar, Reinhardt: Kein Hauch von Kleinkrieg. In: Der Karriereberater: Kriegsschauplatz Büro. VBU, Bonn 1993
- Niermeyer, Rainer: Coaching – sich und andere zum Erfolg führen. Haufe Verlag, München 2001, 2. Auflage
- Seßler, Helmut: Der Beziehungs-Manager. Korter Verlag, Mannheim 1997
- Seßler, Helmut: 30 Minuten für aktives Beziehungsmanagement. GABAL Verlag, Offenbach 2003
- Siegert, Werner: Ziele – Wegweiser zum Erfolg. Schäffer-Poeschel, Stuttgart 2001

Die Autoren

Helmut Seßler ist der Vordenker, kreativer Kopf und Geschäftsführer der IN*tem* Trainergruppe, Mannheim. **Marion Kling**, stellvertretende Geschäftsführerin des europaweit tätigen Instituts, beschäftigt sich intensiv mit dem Thema „Messbare Weiterbildungs-Erfolge".

IN*tem* ist ein Netzwerk von über 80 Experten in Vertrieb und Führung und unterscheidet sich vom Wettbewerb vor allem durch die messbare und nachhaltige Umsetzungsorientierung jeder Weiterbildungsmaßnahme. Für dieses Alleinstellungsmerkmal ist das Institut mehrfach ausgezeichnet worden – das erste Mal bereits 1994, als es den Deutschen Trainingspreis des BDVT in Gold für „Messbare Umsatzsteigerungen durch das IN*tem* IntervallSystem Verkaufstraining" erhielt.

Die kontinuierliche Weiterentwicklung des 6-Stufen-Konzeptes für messbare Weiterbildungs-Erfolge führte zu bisher fünf weiteren Auszeichnungen: 1998 gab es den Deutschen Trainings-Preis in Silber, zwei Jahre später erhielt IN*tem* den Weiterbildungsinnovations-Preis des Bundesinstituts für Berufsbildung Bonn (BIBB). Dann der Hattrick: 2006 und 2007 ehrte der BDVT das Institut jeweils mit dem Internationalen Deutschen Trainings-Preis in Silber. Für das Konzept „Einbindung des Kompetenzmanagements in die vier Bereiche des Bildungscontrollings" erhielt IN*tem* zusammen mit dem Auftraggeber DB Vertrieb GmbH 2008 die Auszeichnung in Gold.

Das INtem-MERC-Training: Managementtraining für Führungskräfte

Die INtem-Trainergruppe bietet ein Training zu den Themen dieses Buches an, das MERC-Training. MERC steht für

- **M**enschenführung
- **E**rgebnisführung
- **R**ückmeldung und
- **C**ontrolling.

Zielgruppe des Trainings sind Geschäftsführer und Vertriebsleiter, Mitarbeiter mit Führungsverantwortung sowie Mitarbeiter, die für die Erreichung von Zielen Verantwortung tragen, und Selbstständige.

Die Abbildung auf der nächsten Seite verdeutlicht, dass im Mittelpunkt des Trainings das Zustandsmanagement steht:

Das Training wird in mehreren Intervallen durchgeführt: Jedem Trainingstag (Intervall) folgt eine Umsetzungsphase, in der die Führungskraft das Gelernte am Arbeitsplatz und im Führungsalltag anwendet. Die Führungskräfte lernen, an Stelle von „Vorgaben und Druck" durch Ziele und Feedback die Mitarbeiter zum zielgerichteten Handeln zu bewegen.

Die Führungskräfte trainieren und arbeiten in einer positiven und entspannten Lernatmosphäre. Dies ist eine wichtige Voraussetzung dafür, dass die Teilnehmer immer wieder eigene Grenzen überschreiten und eingefahrene Gleise verlassen können, um neue Verhaltensweisen auszuprobieren. Die interaktive Arbeitsweise ist speziell für Gruppen entwickelt und stellt sicher, dass kein Teilnehmer nur passiver Zuschauer ist. In Einzel-, Partner- und Gruppenarbeiten werden die Lernschritte ständig geübt und vertieft. Durch die intensive Zusammenarbeit und den Erfahrungsaustausch untereinander lernen sich die Teilnehmer zusätzlich auch auf der persönlichen E-bene kennen. Dadurch wird die Gruppendynamik gefördert und der Teamgeist sowie das Zusammengehörigkeitsgefühl werden gestärkt.

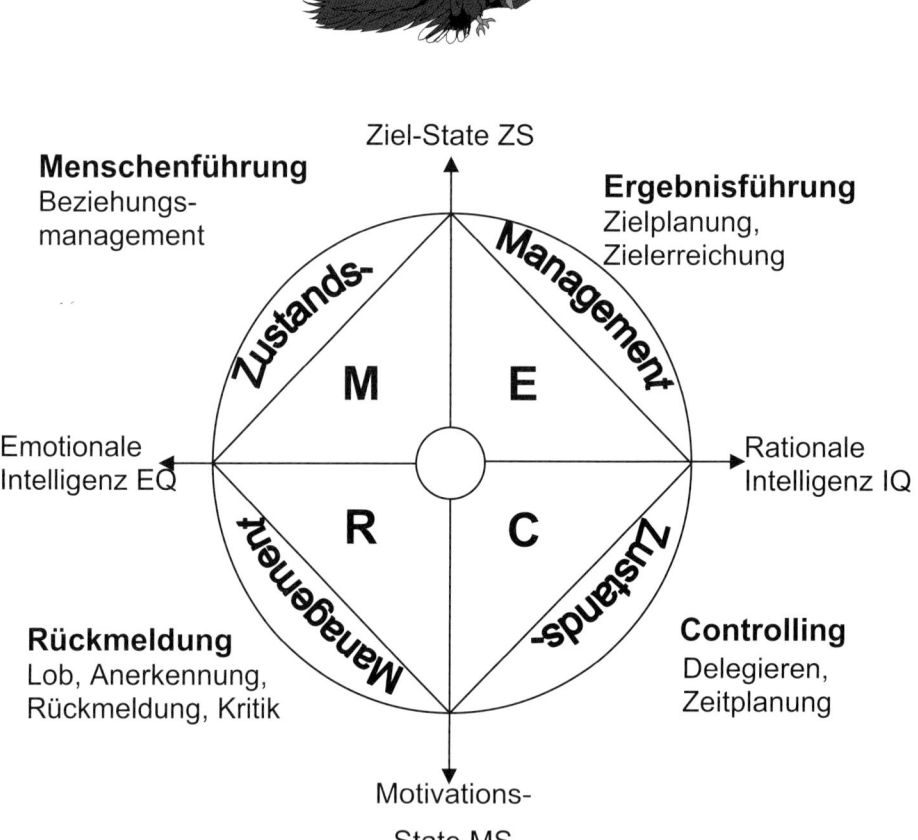

Führen mit der Commitmenttechnik: Klare Ziele - klare Vereinbarungen - klare Ergebnisse!

„Der am meisten beschäftigte Mensch hat die meiste Zeit"

Ist dieses Zitat des Theologen Alexander Vinet ein Widerspruch in sich? Nur ein Traum für viele Träumer? Oder doch eine Tatsache, die erlernbar ist? Die Zauberwörter heißen „wirkungsvoll delegieren" und "Vereinbarungen einhalten"! Nicht nur kleine Arbeiten und Durchführungsaufgaben weitergeben, nicht nur Krümel verteilen, sondern auch Aufgaben und Verantwortungen übertragen – ein Stück vom Kuchen abgeben.

Es geht darum, Mitarbeiterqualität und Führungsqualifikation auf- und auszubauen, denn wer wenig und/oder schlecht delegiert, hat sehr bald nur noch „Ja-Nicker" und Erfüllungsgehilfen in seinem Team. Das ist ein Grund, warum so viele Führungskräfte nicht delegieren. Sie haben einfach schlechte Erfahrungen damit gemacht. Die Mitarbeiter haben nicht wirklich Verantwortung übernommen – und deshalb hat es nicht funktioniert. Diesen weit verbreiteten Fehler können Sie nach diesem Training ausschließen.

Denn Commitmentkultur in der Mitarbeiterführung bedeutet für Sie:

Ihr gesamtes Unternehmen atmet den Geist verbindlicher Zielvereinbarungen. Glasklare Ziele und Vereinbarungen „führen" dann zu eindeutigen Ergebnissen – zum Erfolg! Wenn sich Ihr Team mit den Zielen des Unternehmens identifizieren kann, ja dessen Ziele zu den ihren machen und eigene Zielsetzungen in den übergeordneten Unternehmenszielen widergespiegelt sehen, arbeiten sie motivierter.

Einigen Sie sich im Mitarbeitergespräch auf Ziele und überdies auf Aufgaben, die der Zielerreichung dienen.

Ziele werden überall vereinbart, zum Teil auch die Aktivitäten. Und dann wird am Ende der Periode betrachtet, warum bestimmte Ziele nicht erreicht wurden. Wie spannend ist es, eine Methode zu erlernen, die bereits bei der Festlegung und Vereinbarung der Ziele alle nur denkbaren Szenarien schnell und nachvollziehbar durchspielt? Die positiven und negativen Konsequenzen werden hierbei unmissverständlich festgezurrt. Sie haben dadurch Frühindikatoren, die Sie in die Lage versetzen, während des Weges zum Ziel tatsächlich steuernd einzugreifen!

Die INtem-Ausbildung
zum Management-Coach

Weiterhin haben Sie die Möglichkeit sich zum Management-Coach ausbilden zu lassen. Dort erlernen Sie persönlichkeits- sowie ergebnisorientiertes Einzelcoaching. Erfahren Sie, wie Sie zielorientiert Ihre Mitarbeiter/Verkäufer coachen. Sie lernen unterschiedliche Coachingansätze kennen, wie z.B. NLP, LfK und „Systemische Stellungsarbeit" und wie Sie einen Veränderungsprozess im Unternehmen professionell begleiten können.

Zielgruppen sind Menschen mit Führungsverantwortung sowie Personalentwickler, Organisationsberater, Selbstständige und Freiberufler sowie Trainer und Seminarleiter.

Die Ausbildung findet in Intervallen von 4 mal 3 Tagen statt und wird von 2 ausgebildeten Lehrcoaches durchgeführt.

Die Schwerpunkte bezüglich der Lernziele sind:

- Das Coaching-Gespräch – Methoden und Prozess
- Auftrag und Gestaltung der Coaching-Beziehung
- Ziele und Veränderungsprozesse gestalten und umsetzen
- Das Methoden-ABC im Coaching
- Der lösungsorientierte Coaching-Rahmen
- Sprachmodelle im Coaching
- Konflikt-Coaching
- Interview-Techniken (z. B. zirkuläre Fragen)
- Interventions-Formen für Veränderungsarbeit
- Aufstellung des inneren Teams
- Praxisorientiertes Coaching nach dem NLP-Ansatz
- Die Führungskraft als Gestalter des Coaching-Prozesses
- Der Vertriebsleiter als Coach
- Der Team-Coaching-Prozess

- Umsetzung der Coachinginhalte sicherstellen
- Die Installation des Coachings im Unternehmen
- Was tun, wenn der Gesprächspartner nicht gecoacht werden will?
- Was tun, wenn der Gesprächspartner die Vereinbarungen nicht umsetzt?
- Coaching-Vereinbarungen
- Veränderungsprozesse anstoßen und begleiten

IN*tem*-Coaching-Ausbildung – Feedback

Was hat mir die Ausbildung gebracht? Wie habe ich davon profitiert? Was hat sie anderen gebracht? Was mache ich nach der Ausbildung anders bzw. besser?

„Ich habe eine völlig neue Sicht über die Möglichkeiten des Coachings gewonnen. Die Übungen haben mich positiv verändert! Ein großer „Werkzeugkasten" ist der Garant für erfolgreiche Coachingarbeit."

Wolfgang Böhlke

„Ich habe jetzt einen umfassenden Überblick zum Thema Coaching und was dazu gehört. Ich kann nun kompetent mit meinen Ansprechpartnern über das Thema sprechen. Dazu steht mir ein riesiger Werkzeugkoffer mit unterschiedlichen Interventionen zur Verfügung, damit ich den Klienten in jeder Situation unterstützen kann, um seine Ziele zu erreichen."

Michael Beriault

„Großes persönliches Wachstum gibt mir mehr Sicherheit im Umgang mit anderen Menschen. Bin meinen Zielen mit Sicherheit ein ganzes Stück näher. Ausbildung ist ein Instrument für die Zukunftsplanung mit wertvollen Tools (Team-Coaching). Ermöglicht mir einen besseren, professionelleren Umgang mit Mitarbeitern. Es ist einfach schön, vielen anderen einen Schritt voraus zu sein!"

Roland Gartner

Vertriebs-Potenzial-Analyse

Wie viel Umsatz lässt sich Ihr Team in diesem Monat entgehen?

Stellen Sie jetzt *kostenlos* fest, welche Chancen in Ihrem Team schlummern – durch die kostenlose Vertriebs-Potenzial-Analyse! Sogar in den erfolgreichsten Teams werden nicht alle Verkaufschancen konsequent genutzt. 10 Prozent, 20 Prozent, bis zu 50 Prozent mehr Umsatz innerhalb eines Jahres sind möglich – wenn Sie die Stärken Ihres Teams konsequent nutzen.

So schnell haben Sie Ihre Strategie für mehr Umsatz

INtem hat mit der Vertriebs-Potenzial-Analyse ein System entwickelt, mit dem Sie innerhalb kürzester Zeit die Stärken und Schwächen Ihres Unternehmens, Ihrer Verkäufer und Ihrer Führungskräfte sicher herausarbeiten. Gemeinsam mit dem INtem-Spezialisten gehen Sie einen Katalog von Fragen durch und legen Kennzahlen, Soll- und Ist-Werte für die Faktoren fest, die in Ihrem Unternehmen über den Erfolg entscheiden: Fähigkeiten Ihrer Verkäufer und Führungskräfte, Vertrieb, Akquisitionswege, Kundenpotenziale …
Sie wissen, wo Sie stehen. Sie wissen, wo Sie hinwollen. Und endlich wissen Sie auch ganz genau, wie Sie dahin kommen.
Weitere Informationen dazu finden Sie auf meiner Webseite.

Coaching-Brief

Sofort einsetzbare Tipps und Strategien für mehr Erfolg im Verkauf

Der kostenlose Coaching-Brief für Führungskräfte im Verkauf bietet Ihnen einmal monatlich sofort einsetzbare Tipps und Strategien für mehr Erfolg im Verkauf – *und zwar kostenlos*!

Sie erhalten den Coaching-Brief monatlich per E-Mail als PDF-Datei.

Besuchen Sie jetzt meine Webseite, melden Sie sich gleich an und profitieren Sie Monat für Monat ...

Noch ein Seminar?
Oder doch lieber sofort mehr Umsatz?

Erreichen Sie ganz neue Umsatzdimensionen – durch Ihr IN*tem* Verkaufstraining

Haben auch Sie das Gefühl, dass Sie mehr Abschlüsse machen könnten? Stört es Sie, dass Ihre Kunden immer feilschen und Sie Nachlässe gewähren müssen? Haben auch Sie von der Geschäftsleitung ehrgeizige Umsatzziele gesetzt bekommen, die Sie einfach erreichen müssen? Dann ist es jetzt an der Zeit, Umsatzblockaden zu durchbrechen.

Umsatzblockade:»» **Preis-Feilscherei**. Sie bekommen garantiert wirksame Methoden an die Hand, mit denen Sie Ihre Preise durchsetzen. Auch in der heutigen Zeit noch. Wenn schmerzhafte Preisnachlässe bisher an der Tagesordnung waren – jetzt sind sie die absolute Ausnahme.

Umsatzblockade:»» **Angst**. Befreien Sie sich von Rezessions- und Jobängsten. Sie erkennen, dass auch in Krisen die größten Chancen verborgen sind.

Umsatzblockade:»» **Zu wenig neue Kunden**. Wer heute so weitermacht wie immer, der spürt den Gegenwind. Nach Ihrem IN*tem* Verkaufstraining spielen Sie gekonnt mit dem aktuellen Repertoire der Neukundengewinnung. Sie setzen sicher die Techniken ein, die heute in der Neukundenakquise funktionieren. Auch in hart umkämpften Märkten. Und in schwierigsten Zeiten.

Weitere Informationen dazu finden Sie auf meiner Webseite.